图形图像处理（Photoshop平台）

Photoshop CS6 职业技能培训教程
（中级）

计算机职业技能培训教材编委会　编写

北京希望电子出版社
Beijing Hope Electronic Press
www.bhp.com.cn

内容简介

本书包含图形图像处理 Photoshop CS6 中级考试的全部试题、试题解答和知识点讲解，书中试题根据图形图像处理培训和考核标准及中级考试大纲编写。全书共分 8 章，分别讲解了绘图操作、选区编辑、色彩调整、图层应用、图像修饰、特效处理、动态图片、综合应用等内容。

本书是参加图形图像处理 Photoshop CS6 中级考试的必备技术资料，既可供考评员和培训教师在组织培训、操作练习等方面使用，又可供考生考前练习参考，同时也可作为高职高专院校和社会培训机构进行图形图像处理技能培训与测评的首选教材。

为方便考生练习，本书配套资源将在北京希望电子出版社微信公众号、微博，以及北京希望电子出版社网站（www.bhp.com.cn）上提供。

图书在版编目（CIP）数据

图形图像处理（Photoshop 平台）Photoshop CS6 职业技能培训教程：中级 / 计算机职业技能培训教材编委会编写. -- 北京：北京希望电子出版社，2021.1

ISBN 978-7-83002-516-8

Ⅰ．①图… Ⅱ．①计… Ⅲ．①图像处理软件—教材 Ⅳ．① TP391.413

中国版本图书馆 CIP 数据核字(2020)第 254619 号

出版：北京希望电子出版社	封面：希望云
地址：北京市海淀区中关村大街 22 号 　　　中科大厦 A 座 10 层	编辑：李小楠
	校对：安　源
邮编：100190	开本：787mm×1092mm　1/16
网址：www.bhp.com.cn	印张：17.25
电话：010-82620818（总机）转发行部 　　　010-82626237（邮购）	字数：409 千字
传真：010-62543892	印刷：北京厚诚则铭印刷科技有限公司
经销：各地新华书店	版次：2024 年 7 月 1 版 4 次印刷

定价：46.00 元

计算机职业技能培训教材编委会

主 任 委 员： 陈　宇　　陈李翔　　周明陶

副主任委员： 陈　敏　　赵曙秋　　张晓卫　　黄卫平

委　　　员：（按姓氏笔画排序）

　　　　　　王长春　王国胜　王新玲　石文涛　卢永彬
　　　　　　刘海明　刘淑敏　孙　静　杨巧凤　李育洪
　　　　　　何志伟　张小集　张训军　张发凌　张发海
　　　　　　张忠将　周晓兵　洪悦明　徐建华　程秋立
　　　　　　谢正强　谢金育　雷　波　潘炜均　薄玉改

本书执笔人：王长春　朱国福　刘尾妹　孙玉珍　陈　捷
　　　　　　陈港能　苏灿期　游陈盛　谢金育　张小集
　　　　　　石文涛

出版说明

本书依据"Photoshop 平面设计"技能提升培训课程标准进行编写，并根据图形图像处理培训和考核标准及中级考试大纲进行试题开发。全书以"知识讲解→试题汇编→试题解答"为主线，详细讲解了图形图像处理 Photoshop CS6 中级评价考试的全部试题、试题解答和知识点讲解等内容，旨在全面提升劳动者的职业技能水平和就业创业能力。

全书共分 8 章，分别讲解了绘图操作、选区编辑、色彩调整、图层应用、图像修饰、特效处理、动态图片、综合应用等内容。

本书是参加图形图像处理 Photoshop CS6 中级考试的必备技术资料，既可供考评员和培训教师在组织培训、操作练习等方面使用，也可供考生考前练习之用，还可作为高职高专院校和社会培训机构进行图形图像处理技能培训与测评的首选教材。

本书执笔人有王长春、谢金育、张小集、石文涛等，不足之处敬请批评指正。

目　录

第1章　绘图操作 …………………………… 1

Ⅰ.知识讲解 ……………………………… 1
　1.1　平面设计的常见术语 ………………… 1
　　1.1.1　像素和分辨率 ……………………… 1
　　1.1.2　常见图像文件格式 ………………… 2
　1.2　初识Photoshop CS6 …………………… 4
　1.3　Photoshop CS6的基本操作 …………… 10
　　1.3.1　图像文件的操作 …………………… 10
　　1.3.2　图像和画布的调整操作 …………… 12
　1.4　使用画笔工具绘图 …………………… 14
　1.5　掌握"画笔"面板 …………………… 16
　　1.5.1　设置画笔笔尖形状 ………………… 16
　　1.5.2　形状动态参数 ……………………… 16
　　1.5.3　散布参数 …………………………… 19
　　1.5.4　颜色动态参数 ……………………… 20
　1.6　了解"画笔预设"面板 ……………… 24
　1.7　渐变工具 ……………………………… 25
　　1.7.1　创建实色渐变 ……………………… 25
　　1.7.2　创建透明渐变 ……………………… 27
　1.8　铅笔工具 ……………………………… 30
　1.9　图章工具组的应用 …………………… 30
　　1.9.1　仿制图章工具 ……………………… 31
　　1.9.2　图案图章工具 ……………………… 31
Ⅱ.试题汇编 ……………………………… 33
　1.1　第1题 ………………………………… 33
　1.2　第2题 ………………………………… 34
　1.3　第3题 ………………………………… 35
　1.4　第4题 ………………………………… 36
　1.5　第5题 ………………………………… 37
Ⅲ.试题解答 ……………………………… 38
　1.1　第1题解答 …………………………… 38
　1.2　第2题解答 …………………………… 39
　1.3　第3题解答 …………………………… 40
　1.4　第4题解答 …………………………… 42
　1.5　第5题解答 …………………………… 43

第2章　选区编辑 …………………………… 45

Ⅰ.知识讲解 ……………………………… 45
　2.1　选区工具的使用 ……………………… 45
　　2.1.1　选框工具组 ………………………… 45
　　2.1.2　套索工具组 ………………………… 47
　　2.1.3　魔棒工具 …………………………… 49

　　2.1.4　移动工具 …………………………… 49
　2.2　选区的编辑 …………………………… 50
　　2.2.1　选区的运算 ………………………… 50
　　2.2.2　选区的修改 ………………………… 52
　　2.2.3　选区的变换 ………………………… 55
　　2.2.4　存储选区 …………………………… 55
　　2.2.5　载入选区 …………………………… 56
Ⅱ.试题汇编 ……………………………… 57
　2.1　第1题 ………………………………… 57
　2.2　第2题 ………………………………… 58
　2.3　第3题 ………………………………… 59
　2.4　第4题 ………………………………… 60
　2.5　第5题 ………………………………… 61
Ⅲ.试题解答 ……………………………… 62
　2.1　第1题解答 …………………………… 62
　2.2　第2题解答 …………………………… 63
　2.3　第3题解答 …………………………… 64
　2.4　第4题解答 …………………………… 66
　2.5　第5题解答 …………………………… 68

第3章　色彩调整 …………………………… 70

Ⅰ.知识讲解 ……………………………… 70
　3.1　矢量图和位图 ………………………… 70
　3.2　图像颜色模式 ………………………… 71
　3.3　形状工具组的应用 …………………… 73
　　3.3.1　矩形工具和圆角矩形
　　　　　工具 ………………………………… 73
　　3.3.2　椭圆工具 …………………………… 74
　　3.3.3　多边形工具 ………………………… 74
　　3.3.4　直线工具 …………………………… 75
　　3.3.5　自定形状工具 ……………………… 76
　3.4　橡皮擦工具组的应用 ………………… 76
　　3.4.1　橡皮擦工具 ………………………… 76
　　3.4.2　背景橡皮擦工具 …………………… 77
　　3.4.3　魔术橡皮擦工具 …………………… 78
　3.5　模糊、锐化、涂抹工具的应用 …… 78
　　3.5.1　模糊工具 …………………………… 78
　　3.5.2　锐化工具 …………………………… 79
　　3.5.3　涂抹工具 …………………………… 80
　3.6　减淡、加深、海绵工具的应用 …… 80
　　3.6.1　减淡工具 …………………………… 80
　　3.6.2　加深工具 …………………………… 81

3.6.3　海绵工具……………………82
　3.7　历史记录工具组的应用……………82
　　　3.7.1　历史记录画笔工具…………82
　　　3.7.2　历史记录艺术画笔工具……83
Ⅱ.试题汇编……………………………………84
　3.1　第1题………………………………84
　3.2　第2题………………………………85
　3.3　第3题………………………………86
　3.4　第4题………………………………87
　3.5　第5题………………………………88
Ⅲ.试题解答……………………………………89
　3.1　第1题解答…………………………89
　3.2　第2题解答…………………………90
　3.3　第3题解答…………………………91
　3.4　第4题解答…………………………93
　3.5　第5题解答…………………………95

第4章　图层应用………………………97

Ⅰ.知识讲解……………………………………97
　4.1　图层概述……………………………97
　　　4.1.1　图层的类型……………………97
　　　4.1.2　"图层"面板…………………99
　4.2　图层的基本操作……………………100
　　　4.2.1　新建图层………………………100
　　　4.2.2　复制图层………………………101
　　　4.2.3　删除图层………………………101
　　　4.2.4　合并图层………………………101
　　　4.2.5　重命名图层……………………102
　　　4.2.6　锁定/解锁图层…………………102
　　　4.2.7　图层的对齐与分布……………103
　4.3　图层的高级操作……………………103
　　　4.3.1　图层的常规混合………………103
　　　4.3.2　图层的高级混合………………109
　　　4.3.3　图层样式的应用………………110
Ⅱ.试题汇编……………………………………116
　4.1　第1题………………………………116
　4.2　第2题………………………………117
　4.3　第3题………………………………118
　4.4　第4题………………………………119
　4.5　第5题………………………………120
Ⅲ.试题解答……………………………………121
　4.1　第1题解答…………………………121
　4.2　第2题解答…………………………123
　4.3　第3题解答…………………………124

　4.4　第4题解答…………………………125
　4.5　第5题解答…………………………126

第5章　图像修饰………………………128

Ⅰ.知识讲解……………………………………128
　5.1　图像色彩分布的查看………………128
　　　5.1.1　"信息"面板…………………128
　　　5.1.2　"直方图"面板………………129
　　　5.1.3　颜色取样器工具………………131
　5.2　图像色彩的调整……………………132
　　　5.2.1　色彩平衡………………………132
　　　5.2.2　色相/饱和度……………………133
　　　5.2.3　替换颜色………………………134
　　　5.2.4　匹配颜色………………………134
　　　5.2.5　阴影/高光………………………135
　　　5.2.6　通道混合器……………………136
　　　5.2.7　曝光度…………………………137
　5.3　图像色调的调整……………………138
　　　5.3.1　色阶……………………………138
　　　5.3.2　曲线……………………………139
　　　5.3.3　亮度/对比度……………………140
　　　5.3.4　色调均化………………………141
　　　5.3.5　色调分离………………………141
　5.4　特殊颜色效果的调整………………142
　　　5.4.1　黑白……………………………142
　　　5.4.2　阈值……………………………142
　　　5.4.3　去色……………………………143
　　　5.4.4　反相……………………………143
　　　5.4.5　渐变映射………………………144
Ⅱ.试题汇编……………………………………145
　5.1　第1题………………………………145
　5.2　第2题………………………………146
　5.3　第3题………………………………147
　5.4　第4题………………………………148
　5.5　第5题………………………………149
Ⅲ.试题解答……………………………………150
　5.1　第1题解答…………………………150
　5.2　第2题解答…………………………151
　5.3　第3题解答…………………………153
　5.4　第4题解答…………………………154
　5.5　第5题解答…………………………155

第6章　特效处理………………………158

Ⅰ.知识讲解……………………………………158

- 6.1 滤镜简介 158
  - 6.1.1 什么是滤镜 158
  - 6.1.2 常见外挂滤镜 159
- 6.2 特殊滤镜 159
  - 6.2.1 "滤镜库"滤镜 159
  - 6.2.2 "自适应广角"滤镜 160
  - 6.2.3 "镜头校正"滤镜 161
  - 6.2.4 "液化"滤镜 162
  - 6.2.5 "消失点"滤镜 163
- 6.3 常用的内部滤镜 164
  - 6.3.1 "风格化"滤镜组 164
  - 6.3.2 "模糊"滤镜组 169
  - 6.3.3 "扭曲"滤镜组 175
  - 6.3.4 "锐化"滤镜组 182
  - 6.3.5 "视频"滤镜组 184
  - 6.3.6 "像素化"滤镜组 185
  - 6.3.7 "渲染"滤镜组 186
  - 6.3.8 "杂色"滤镜组 188
  - 6.3.9 "其它"滤镜组 191
  - 6.3.10 "画笔描边"滤镜组 193
  - 6.3.11 "素描"滤镜组 195
  - 6.3.12 "纹理"滤镜组 198
  - 6.3.13 "艺术效果"滤镜组 199
- 6.4 外挂滤镜的安装和使用 202
  - 6.4.1 外挂滤镜的安装 202
  - 6.4.2 外挂滤镜的使用 202
- Ⅱ.试题汇编 204
  - 6.1 第1题 204
  - 6.2 第2题 205
  - 6.3 第3题 206
  - 6.4 第4题 207
  - 6.5 第5题 208
- Ⅲ.试题解答 209
  - 6.1 第1题解答 209
  - 6.2 第2题解答 210
  - 6.3 第3题解答 212
  - 6.4 第4题解答 213
  - 6.5 第5题解答 215

第7章 动态图片 219

- Ⅰ.知识讲解 219
  - 7.1 制作网页动画 219
  - 7.2 逐帧动画 221
  - 7.3 蒙版过渡动画 223
  - 7.4 优化输出动画 225
- Ⅱ.试题汇编 227
  - 7.1 第1题 227
  - 7.2 第2题 228
  - 7.3 第3题 229
  - 7.4 第4题 230
  - 7.5 第5题 231
- Ⅲ.试题解答 232
  - 7.1 第1题解答 232
  - 7.2 第2题解答 233
  - 7.3 第3题解答 235
  - 7.4 第4题解答 237
  - 7.5 第5题解答 239

第8章 综合应用 242

- Ⅰ.知识讲解 242
  - 8.1 平面设计作品的应用 242
    - 8.1.1 平面广告设计 242
    - 8.1.2 产品包装设计 243
    - 8.1.3 海报招贴设计 244
    - 8.1.4 书籍装帧设计 244
  - 8.2 平面设计中的文字 245
    - 8.2.1 提高文字的可读性 245
    - 8.2.2 在画面中的整体要求 246
    - 8.2.3 在视觉上体现文字的美感 248
    - 8.2.4 在设计上要富有创造性 249
- Ⅱ.试题汇编 251
  - 8.1 第1题 251
  - 8.2 第2题 252
  - 8.3 第3题 253
  - 8.4 第4题 254
  - 8.5 第5题 255
- Ⅲ.试题解答 256
  - 8.1 第1题解答 256
  - 8.2 第2题解答 257
  - 8.3 第3题解答 259
  - 8.4 第4题解答 261
  - 8.5 第5题解答 263

第1章 绘图操作

Ⅰ．知识讲解

知识要点

- 掌握新建文件、打开文件、保存文件的方法。
- 了解常用的图像文件格式。
- 掌握分辨率、图像大小与画布大小的关系。
- 掌握画笔工具、"画笔"面板的使用方法。
- 了解"画笔预设"面板。
- 掌握铅笔工具、图章工具和渐变工具等绘画工具的使用方法。

评分细则

本章有3个评分点，每题15分。

评 分 点	分　　值	得分条件	判分要求
绘图设定	5	按照要求达到绘画效果	绘画的工具不要求
绘图润饰	5	根据要求编辑润饰画面	效果不正确不给分
效果修饰	5	达到修饰效果	允许一定的创意发挥

1.1 平面设计的常见术语

1.1.1 像素和分辨率

像素和分辨率是图形图像处理软件中的基本概念。掌握这些基本知识，有助于更好地学习平面设计。

1. 像素

像素是构成图像的最小单元，是图像的基本元素。若将图像放大数倍，会发现图像中的连续色调其实是由许多色彩相近的小方点组成的，这些小方点就是构成图像的最小单元"像素"（Pixel），如图1-1和图1-2所示。这种最小的图像单元能在屏幕上显示单个的染色点。越高位的像素，其拥有的色板也就越丰富，越能表达颜色的真实感。

图1-1

图1-2

2. 分辨率

"分辨率"是指单位长度内所含像素点的数量，单位为"像素/英寸"（PPI）。分辨率是屏幕图像的精密度，是指显示器所能显示的像素的多少。由于屏幕上的点、线和面都是由像素组成的，显示器可显示的像素越多，画面就越精细，相同的屏幕区域内能显示的信息也就越多，因此，分辨率是一个非常重要的性能指标。如果将整个图像想象成一个大型的棋盘，那么分辨率的表示方式就是所有经线和纬线交叉点的数目。

由此可见，图像的分辨率可以改变图像的精细程度，直接影响图像的清晰度，也就是说，图像的分辨率越高，图像的清晰度就越高，图像占用的存储空间也就越大。图1-3中所示图像的分辨率为300，图1-4中所示图像的分辨率为72，对比可以看出，图1-3中的图像更清晰。

图1-3

图1-4

1.1.2 常见图像文件格式

图像的文件格式有很多种，下面将对平面设计中常见的几种文件格式进行介绍。

1. BMP格式

BMP是英文Bitmap（位图）的缩写，是Windows操作系统中的标准图像文件格式，能够被多种Windows应用程序所支持。随着Windows操作系统的流行与Windows应用程序的不断丰富与开发，BMP格式被广泛应用。BMP格式的特点是，包含的图像信息较丰富，几乎不进行压缩，但也导致占用磁盘空间过大。

2. JPEG格式

JPEG是一种常见的图像格式，文件的扩展名为.jpg或.jpeg，其压缩技术十分先进。它用有损压缩方式去除冗余的图像和彩色数据，可以用较少的磁盘空间得到较好的图像质量。同时，JPEG具有调节图像质量的功能，允许用不同的压缩比例对这种文件进行压缩，例如，最高可以将1.37MB的JPEG位图文件压缩至20.3KB。此外，JPEG格式的文件还具有尺寸较小、下载速度较快的特点。

3. GIF格式

GIF是英文Graphics Interchange Format（图形交换格式）的缩写，用于以超文本标记语言（Hypertext Markup Language，HTML）方式显示索引彩色图形，在因特网上得到了广泛应用。它是由CompuServe公司开发的图形文件格式，非常适合较简单的图像，可用于简单动画或低分辨率电影剪辑等。

4. PNG格式

PNG是英文Portable Network Graphics（轻便网络图形）的缩写，是一种网络图形格式，是目前保证不失真的格式之一。它汲取了GIF和JPEG的优点，存储形式丰富，兼有GIF和JPEG的颜色模式。该格式在RGB和灰度颜色模式下支持Alpha通道。不同于GIF格式图形的是，它可以存储24位的真彩色，并且支持透明背景和消除锯齿边缘等功能，可以在不失真的情况下压缩存储图像。但由于不是所有的浏览器都支持PNG格式，因此，该格式的使用范围没有GIF和JPEG格式广泛。

5. PSD格式

PSD格式是Photoshop软件自身的专用文件格式，能够保存图像数据的细节部分，如图层、通道等Photoshop对图像进行特殊处理的信息。在没有决定图像的最终存储格式前，最好先以这种格式进行存储。

以PSD格式存储文件时会将文件压缩，以减少其占用的磁盘空间。但PSD格式所包含的图像数据信息较多（如图层、通道、路径等），因此，比其他格式的图像文件要大得多。PSD格式文件分层，修改较为方便，这是该文件格式的最大优点。此外，PSD文件格式是唯一能够支持全部图像颜色模式的格式。

6. AI格式

AI是一种矢量图形文件格式，是Adobe Illustrator软件的专用格式。与PSD格式文件相似，AI格式文件也是一种分层文件，用户可以对图形内所存在的图层进行操作。区别是，AI格式文件是基于矢量输出的，可在任何尺寸大小下按最高分辨率输出，而PSD格式文件是基于位图输出的。

7. TIFF格式

TIFF（Tagged Image File Format）格式是一种应用非常广泛的图像文件格式，无损压缩，可存储多达24个通道的信息。该格式可用于在应用程序之间和计算机平台之间进行数据交换。它支持包含一个Alpha通道在内的RGB、CMYK、灰度颜色模式,以及不包含Alpha通道的Lab颜色、索引颜色、位图颜色模式,并可以设置透明背景。

1.2 初识Photoshop CS6

启动Photoshop CS6后,可以看到软件的工作界面,在此可以进行图形图像处理操作。Photoshop CS6的工作界面如图1-5所示。

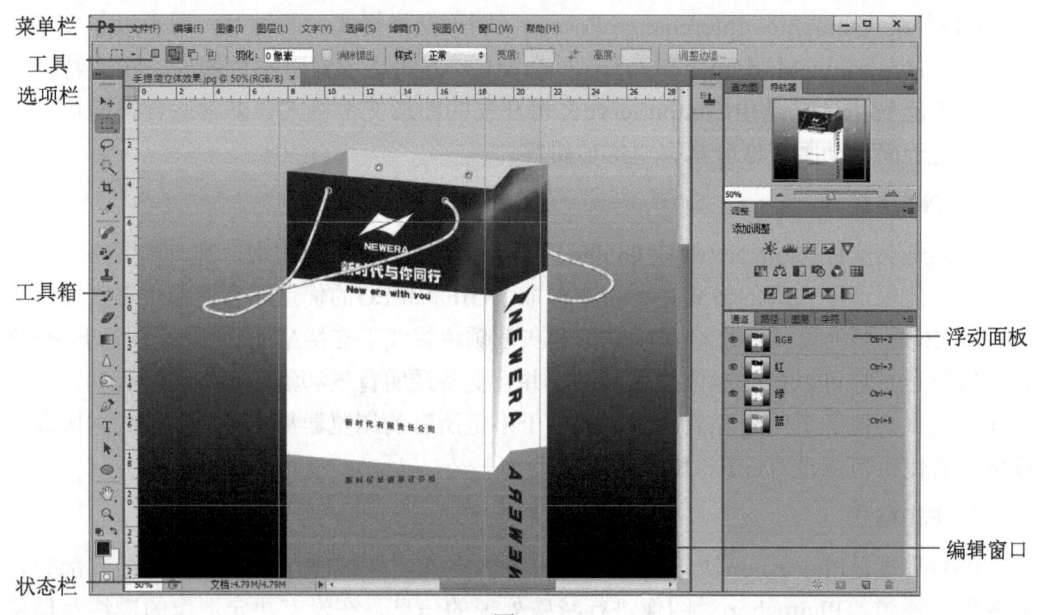

图1-5

Photoshop CS6的工作界面主要包括菜单栏、工具箱、工具选项栏、浮动面板、编辑窗口及状态栏。了解和掌握工作界面是非常必要的,下面将对其进行详细介绍。

1. 菜单栏

菜单栏中几乎集合了Photoshop CS6中的所有命令,与以前版本相比,Photoshop CS6的菜单栏发生了很大变化,更方便、实用。Photoshop CS6的菜单栏如图1-6所示。

| 文件(F) | 编辑(E) | 图像(I) | 图层(L) | 文字(Y) | 选择(S) | 滤镜(T) | 视图(V) | 窗口(W) | 帮助(H) |

图1-6

2. 工具箱

工具箱中集合了处理图像时需要的所有工具,如选区工具、绘图工具、文字工具、图像编辑工具及其他辅助工具。默认状态下,工具箱位于工作界面的左侧。工具箱中主要工具的说明如表1-1所示。

有些工具按钮的右下方有一个三角形符号,说明该工具属于某个工具组。右击该工具,或者单击该工具并按住鼠标左键不放,即可将工具组中的所有工具全部显示。

表1-1

工具组	工具名称	作　用
矩形选框工具 M 椭圆选框工具 M 单行选框工具 单列选框工具	矩形选框工具	选择一个矩形区域
	椭圆选框工具	选择一个椭圆形区域
	单行选框工具	选择单行，选区高度为1像素
	单列选框工具	选择单列，选区宽度为1像素
	移动工具	移动当前图层或所选区域中的图像内容到其他位置
套索工具 L 多边形套索工具 L 磁性套索工具 L	套索工具	手动绘制选区
	多边形套索工具	绘制一个多边形选区
	磁性套索工具	沿颜色边缘绘制选区
快速选择工具 W 魔棒工具 W	快速选择工具	该工具是智能的，基于画笔模式，比魔棒工具更加直观和准确
	魔棒工具	按指定的容差选择颜色相近的区域
裁剪工具 C 透视裁剪工具 C 切片工具 C 切片选择工具 C	裁剪工具	用于裁剪图像
	透视裁剪工具	在裁剪的同时校正图像的透视错误
	切片工具	用于创建网页图片的切片
	切片选择工具	选择、编辑切片
吸管工具 I 颜色取样器工具 I 标尺工具 I 注释工具 I	吸管工具	在图像中拾取颜色作为前景色或背景色
	颜色取样器工具	在图像中添加采样点，以查看该位置颜色信息
	标尺工具	测量距离或角度
	注释工具	为图像添加文本注释
污点修复画笔工具 J 修复画笔工具 J 修补工具 J 内容感知移动工具 J 红眼工具 J	污点修复画笔工具	快速去除图像中的瑕疵
	修复画笔工具	用采样或图案修复图像
	修补工具	用采样或图案修复选区内的图像
	内容感知移动工具	移动图像并根据其周围图像对其所在位置进行修复
	红眼工具	消除照片中人物或动物的红眼
画笔工具 B 铅笔工具 B 颜色替换工具 B 混合器画笔工具 B	画笔工具	使用各种画笔绘制图像
	铅笔工具	使用各种硬边画笔绘制图像
	颜色替换工具	用于替换图像的颜色
	混合器画笔工具	模拟绘画笔触进行艺术创作
仿制图章工具 S 图案图章工具 S	仿制图章工具	将图像的一部分复制到其他位置或其他图像中
	图案图章工具	使用所选图案进行复制
历史记录画笔工具 Y 历史记录艺术画笔工具 Y	历史记录画笔工具	以涂抹方式将图像恢复到某一历史状态
	历史记录艺术画笔工具	以涂抹方式恢复图像到某历史状态并添加艺术效果

续表

工具组	工具名称	作用
橡皮擦工具 E 背景橡皮擦工具 E 魔术橡皮擦工具 E	橡皮擦工具	擦除图像
	背景橡皮擦工具	将图像背景擦除成透明状
	魔术橡皮擦工具	擦除颜色相似的像素
渐变工具 G 油漆桶工具 G	渐变工具	填充渐变色
	油漆桶工具	填充前景色或图案
模糊工具 锐化工具 涂抹工具	模糊工具	减小图像的颜色反差
	锐化工具	增大图像的颜色反差
	涂抹工具	在图像中以涂抹的方式糅合附近的像素
减淡工具 O 加深工具 O 海绵工具 O	减淡工具	提高图像的亮度
	加深工具	降低图像的亮度
	海绵工具	提高或降低图像的饱和度
钢笔工具 P 自由钢笔工具 P 添加锚点工具 删除锚点工具 转换点工具	钢笔工具	绘制直线或曲线路径
	自由钢笔工具	通过拖动鼠标指针手绘路径
	添加锚点工具	在路径上添加锚点
	删除锚点工具	删除路径上的锚点
	转换点工具	在曲线点和角点之间进行转换
横排文字工具 T 直排文字工具 T 横排文字蒙版工具 T 直排文字蒙版工具 T	横排文字工具	输入水平方向排列的文字
	直排文字工具	输入垂直方向排列的文字
	横排文字蒙版工具	建立水平方向排列的文字蒙版（选区）
	直排文字蒙版工具	建立垂直方向排列的文字蒙版（选区）
路径选择工具 A 直接选择工具 A	路径选择工具	用于选择整条路径
	直接选择工具	用于选择、移动路径上的锚点或线段
矩形工具 U 圆角矩形工具 U 椭圆工具 U 多边形工具 U 直线工具 U 自定形状工具 U	矩形工具	绘制矩形或正方形填充、形状或路径
	圆角矩形工具	绘制圆角矩形或圆角正方形填充、形状或路径
	椭圆工具	绘制椭圆或正圆填充、形状或路径
	多边形工具	绘制多边形填充、形状或路径
	直线工具	绘制直线或箭头填充、形状或路径
	自定形状工具	绘制不规则的填充、形状或路径
抓手工具 H 旋转视图工具 R	抓手工具	移动画布，以查看不同的图像区域
	旋转视图工具	可按需要角度对画布进行旋转
	缩放工具	放大或缩小图像的显示比例
	快速蒙版工具	在快速蒙版模式编辑和标准模式编辑之间进行切换

3. 工具选项栏

工具选项栏又称"工具属性栏",通常位于菜单栏的下方,用于设置当前所选工具的参数。图1-7所示为移动工具的工具选项栏。

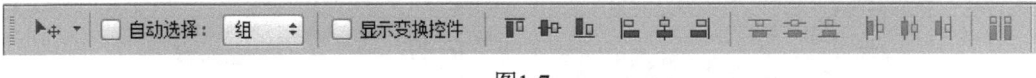

图1-7

在使用某种工具前,首先要在工具选项栏中设置其参数。需要注意的是,不同的工具配有不同的工具选项栏,但工具选项栏中的某些设置对于许多工具是通用的,而另外一些设置则专用于某个工具,如铅笔工具的"自动抹除"选项,如图1-8所示。

图1-8

执行"窗口"→"选项"命令,可以将工具选项栏进行隐藏或显示。右击工具选项栏中的工具按钮,将弹出一个快捷菜单,从中可以选择"复位工具"或"复位所有工具"命令,这样可使一个工具或所有工具返回到默认设置状态。

4. 浮动面板

浮动面板是用于配合图像编辑、查看Photoshop CS6的功能设置的窗口。常见的面板有"颜色"面板、"色板"面板、"图层"面板、"通道"面板、"调整"面板、"蒙版"面板等。下面将分别介绍各浮动面板。

- "颜色"面板:主要用于调整前景色和背景色,还可以将常用的颜色存储在"色板"面板内。执行"窗口"→"颜色"命令或按F6键,即可打开"颜色"面板,如图1-9所示。
- "色板"面板:与"颜色"面板的功能相似,即快速地选取前景色或背景色。执行"窗口"→"色板"命令,可将该面板打开。在"色板"面板中单击所需色块,可将其设置为前景色;按住Ctrl键的同时单击需要的色块,可以将其设置为背景色。"色板"面板如图1-10所示。

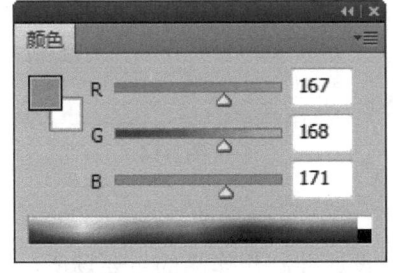

图1-9　　　　　　图1-10

- "图层"面板:主要用于控制图层的操作,利用"图层"面板可以进行新建图层和合并图层等操作。"图层"面板如图1-11所示。
- "通道"面板:主要用于记录颜色数据,并切换图像的颜色通道,以便进行各通道的编辑。另外,可以将蒙版存储在通道中。"通道"面板如图1-12所示。

图1-11　　　　　　　　　　图1-12

- "调整"面板：用于调整预设的增加，使用户使用起来更加直观和方便，其中色阶、曲线等调整预设以按钮的形式出现。"调整"面板如图1-13所示。
- "蒙版"面板：主要用于创建基于像素和矢量的可编辑蒙版。同时，可用于调整蒙版边缘、颜色范围及反相等。"蒙版"面板如图1-14所示。

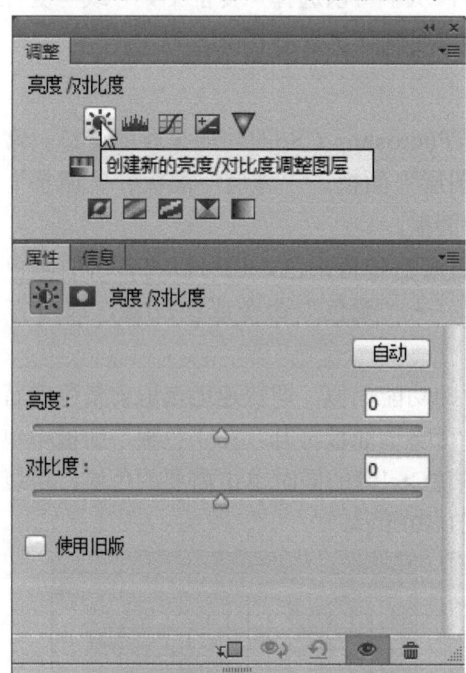 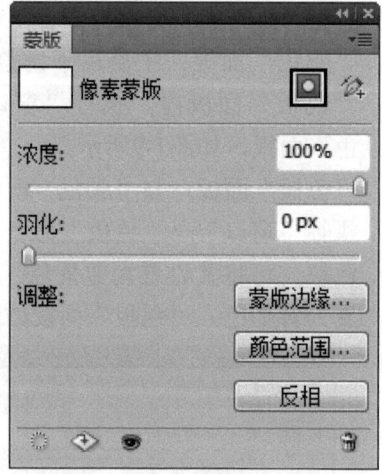

图1-13　　　　　　　　　　图1-14

5. 编辑窗口

编辑窗口即文件窗口，是Photoshop CS6设计并制作作品的主要场所。针对图像进行的所有编辑都可以在编辑窗口中显示，以此来判断图像的最终输出效果。在图像编辑过程中，可以对编辑窗口进行多种操作，如改变窗口的大小、位置等。

在默认状态下打开文件，文件以选项卡的方式显示于界面中，可以将一个或多个文件拖出以单独显示，如图1-15所示。

图1-15

6. 状态栏

状态栏位于Photoshop CS6编辑窗口的左下角。单击状态栏右侧的三角形按钮，可弹出如图1-16所示的菜单，从中选择不同的选项，状态栏中将显示相应的信息内容。

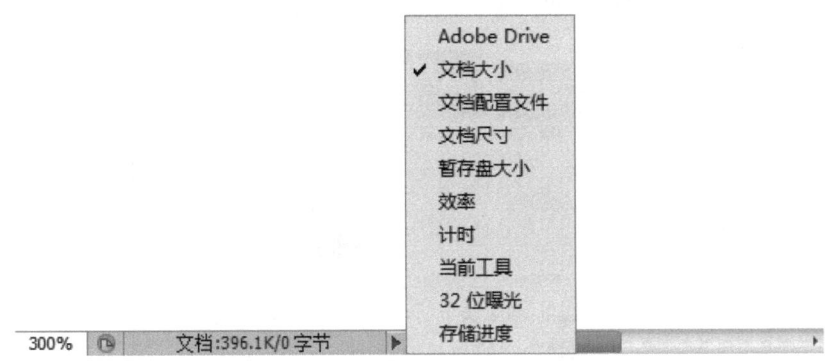

图1-16

> 提示：状态栏菜单各命令的含义如下所述。

- Adobe Drive：可以连接到Version Cue服务器。已连接的服务器在系统中以类似于已安装的硬盘驱动器或映射网络驱动器的外观显示。在通过Adobe Drive连接到服务器时，可以使用多种方法打开和保存Version Cue文件。
- 文档大小：显示当前所编辑图像的文档大小情况。
- 文档配置文件：显示当前所编辑图像的颜色模式，如RGB、灰度或CMYK等。
- 文档尺寸：显示当前所编辑图像的尺寸大小。
- 暂存盘大小：显示当前所编辑图像占用暂存盘的情况。

- 效率：显示当前所编辑图像的操作效率。
- 计时：显示当前编辑图像操作所使用的时间。
- 当前工具：显示编辑图像时当前使用的工具名称。
- 32位曝光：编辑图像曝光只在32位图像中起作用。
- 存储进度：显示当前文档的存储速度。

1.3 Photoshop CS6的基本操作

任何一个软件的学习过程都是由浅入深、由易到难的。下面介绍Photoshop CS6常用的基本操作。

1.3.1 图像文件的操作

可以对图像文件进行打开文件、新建文件、保存文件及关闭文件等操作。

1. 打开文件

打开图像文件有多种方法，常用的方法如下。

（1）执行"文件"→"打开"命令，或按Ctrl+O组合键，即可打开"打开"对话框，如图1-17所示。从中选择要打开的文件，单击"打开"按钮即可。

图1-17

（2）双击Photoshop CS6的空白处，在打开的"打开"对话框中选择要打开的文件，单击"打开"按钮。

（3）执行"文件"→"最近打开文件"命令，在弹出的子菜单中进行选择，可以打开最近操作过的文件。

另外，在Photoshop中还可以一次打开多个图像文件，但打开的文件数量是有限的，这取决于使用的计算机所拥有的内存和磁盘空间的大小。内存和磁盘空间越大，能打开的文件数量也就越多。当然，这与图像文件的大小也有密切关系。

2. 新建文件

新建图像文件的操作非常简单，常见的方法如下。

（1）执行"文件"→"新建"命令。

（2）按Ctrl+N组合键。

以上操作均可以打开"新建"对话框，如图1-18所示。在该对话框中可设置新文件的名称、尺寸、分辨率、颜色模式及背景内容，设置完成后单击"确定"按钮，即可创建一个新文件。如果不设置某一项或任何内容，系统将按默认值新建一个文件。此外，如果用户对图像质量有要求，则必须在新建文件时设置图像的分辨率，因为如果图像已编辑完成，即使将其设置为高分辨率，也不能改善图像的效果。

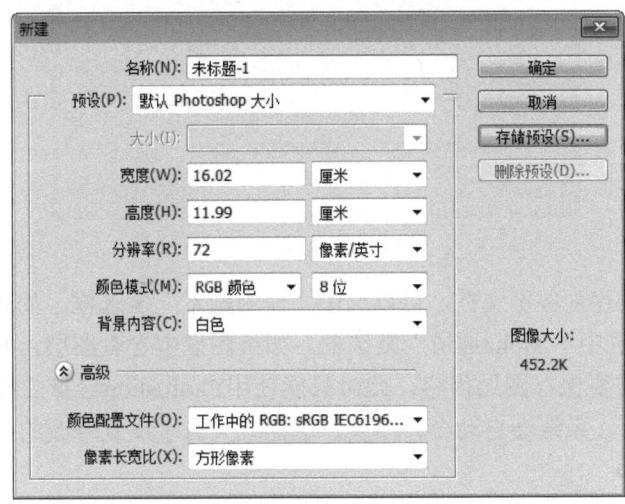

图1-18

> 提示：在设置分辨率时需要注意，如果所制作的图像仅用于屏幕显示（如作为网页图片），则可将其分辨率设置为72像素/英寸；如果该图像是用于平面设计或者希望进行彩色印刷时，则通常将其分辨率设置为300像素/英寸。

3. 保存文件

保存图像文件的常用方法如下。

（1）存储：用当前文件本身的格式和文件名进行保存，快捷键为Ctrl+S。

（2）存储为：以不同格式或不同文件名进行保存。该命令主要用于对打开的图像文件进行编辑后，将其以其他格式或文件名进行保存，快捷键为Ctrl+Shift+S。

（3）存储为Web所用格式：将文件保存为Web文件，而原文件保持不变。

如果对新文件执行前两个命令中的任何一个，或对打开的文件执行"存储为"命令，可弹出"存储为"对话框，如图1-19所示。可以在对话框中为文件指定保存位置和文件名，在"格式"下拉列表框中选择需要的文件格式；还可以在"存储选项"区域中进行必要的设置。

图1-19

若想将文件保存为备份文件，可以选中"作为副本"复选框。如果需要保存图像的Alpha通道，可以选中"Alpha通道"复选框。如果图像中含有图层，并且以后可能要重新进行编辑，则需要保存图层内容，此时只能使用Photoshop自身的格式保存文件。如果以其他格式保存，系统会自动合并图层，这样就失去了反复修改的可能性。

4. 关闭文件

关闭图像文件的方法如下。

（1）单击图像文件标题栏最右侧的"关闭"按钮。

（2）执行"文件"→"关闭"命令，或按Ctrl+W组合键，关闭当前图像文件。

（3）执行"文件"→"全部关闭"命令，或按Ctrl+Alt+W组合键，关闭编辑窗口中打开的所有图像文件。

（4）执行"文件"→"退出"命令，或按Ctrl+Q组合键，退出Photoshop软件。

如果在关闭图像文件之前，没有保存修改过的图像文件，系统将弹出如图1-20所示的提示对话框，询问用户是否保存对文件所作的修改，根据需要单击相应的按钮即可。

图1-20

1.3.2 图像和画布的调整操作

在进行图像操作时，图像的初始大小未必始终满足要求，通常需要对其进行调整。

在Photoshop中，"画布"和"图像"是两个不同的概念，初学者极易混淆，这里特作说明。画布是显示、绘制和编辑图像的工作区域。放大画布时，会在图像四周增加空白区域，不会影响原有的图像；缩小画布时，会裁剪掉不需要的图像边缘。图像是画布上的元素，缩放图像是对图像的尺寸进行调整，不会被裁剪，原有像素的排列次序也不会发生改变。在图像编辑与处理的过程中，可根据需要调整画布与图像的尺寸。

1. **图像大小调整**

图像质量的好坏与图像的大小、图像的分辨率有很大的关系。分辨率越高，图像就越清晰，而图像文件所占用的空间也就越大。使用"图像大小"对话框可以改变图像的尺寸和分辨率。

执行"图像"→"图像大小"命令，打开"图像大小"对话框，如图1-21所示。在该对话框中更改图像的大小，然后单击"确定"按钮。

需要注意的是，在默认设置下，对于初始分辨率较小的图像，若将其分辨率设置得较大，并不会改善图像的显示质量，只会增加文件的大小，因此，这种做法是不可取的；对于初始分辨率较大的图像，若将其分辨率设置得较小，则会缩小文件的大小，而不会影响图像的质量，因此，这种方法常用于优化Web图像。

2. **画布大小调整**

执行"图像"→"画布大小"命令，打开"画布大小"对话框，如图1-22所示。

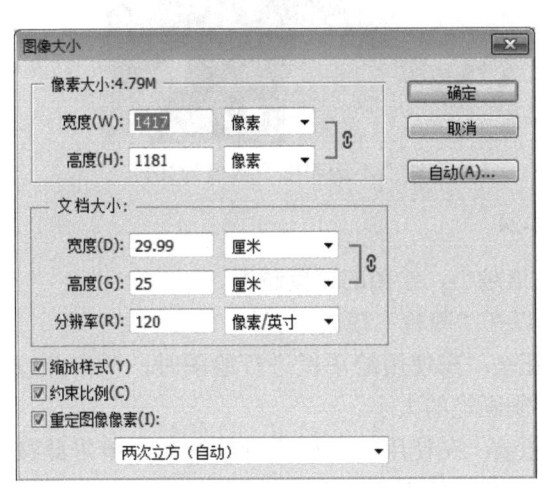

图1-21

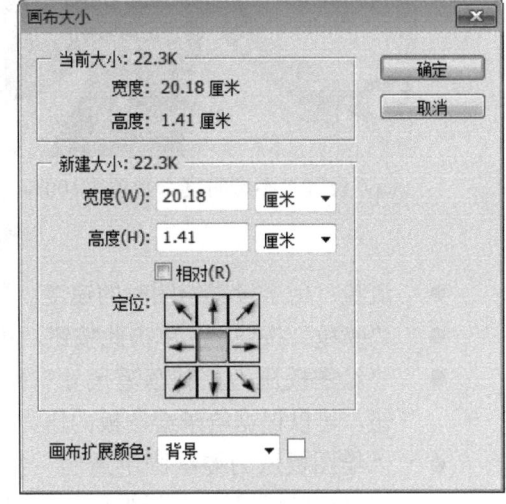

图1-22

"画布大小"对话框中各选项的含义如下。

- 新建大小：该选项区中的"宽度"和"高度"选项用于设置画布的尺寸。当设置的值大于原图的尺寸时，系统会在原图的基础上增加画布区域；当设置的值小于原图的尺寸时，系统会将该尺寸以外的部分裁掉。
- 定位：该选项用于设置图像相对于画布的位置，可以单击不同的方位按钮进行具体选择。
- 画布扩展颜色：如果对画布进行了扩展，则需要在该下拉列表框中选择画布的扩展颜色，可以将其设置为背景色、前景色、白色、黑色、灰色或其他颜色。

1.4 使用画笔工具绘图

使用画笔工具 可以绘制边缘柔和的线条。选择工具箱中的画笔工具，其工具选项栏如图1-23所示。

图1-23

此工具选项栏中各参数的含义如下。

- 画笔：在其弹出的面板中选择合适的画笔大小、硬度和形状。
- 模式：在其下拉列表框中选择绘图时的混合模式。
- 不透明度：用于设置绘制效果的不透明度。其中，100%表示完全不透明，0%表示完全透明。设置不同"不透明度"数值的对比效果如图1-24所示。可以看出，数值越小，绘制时画笔的覆盖力越弱。

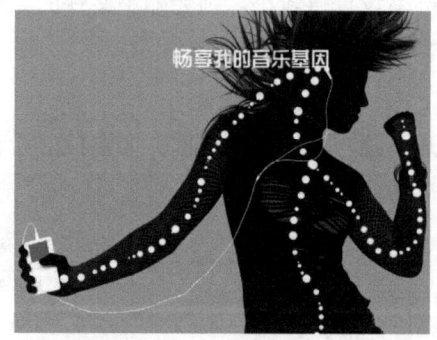

（a）设置"不透明度"数值为100%　　（b）设置"不透明度"数值为30%

图1-24

- 流量：用于设置绘图时的速度。数值越小，绘图的速度越慢。
- "喷枪"按钮 ：单击此按钮，可以在"喷枪"模式下工作。
- "绘图板压力控制画笔尺寸"按钮 ：在使用绘图板进行绘图时，单击此按钮，可以根据给予绘图板的压力控制画笔的大小。
- "绘图板压力控制画笔透明"按钮 ：在使用绘图板进行绘图时，单击此按钮，可以根据给予绘图板的压力控制画笔的不透明度。

实例：绘制简单卡通头像

本例将使用画笔工具绘制一个简单的卡通头像。

（1）按Ctrl+N组合键新建一个文件，在弹出的对话框中设置"宽度"为572像素、"高度"为466像素、"分辨率"为72像素/英寸、"颜色模式"为8位RGB颜色、"背景内容"为"白色"，单击"确定"按钮。设置前景色为黑色，背景色的颜色值为#ffeb01，按Ctrl+Delete组合键用背景色填充"背景"图层。

（2）选择画笔工具，在其工具选项栏中单击 按钮，在弹出的面板中选择硬边画笔，并设置其大小和硬度，如图1-25所示。使用画笔工具在画布中按照图1-26所示的效果绘制两个黑色正圆，将其作为卡通头像的眼睛。

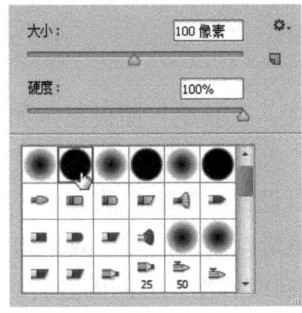
图1-25

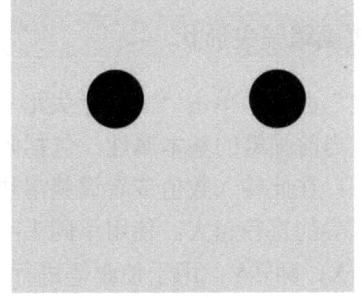
图1-26

（3）继续使用画笔工具，在画布中右击，在弹出的面板中设置"大小"为30，然后设置前景色为白色。使用画笔工具在上一步绘制的黑色正圆中绘制如图1-27所示的白色正圆，将其作为卡通头像中眼睛的高光。

（4）再次在画布中右击，在弹出的面板中设置"大小"为10，然后设置前景色为黑色，使用画笔工具在画布的下半部分绘制卡通头像的嘴，效果如图1-28所示。

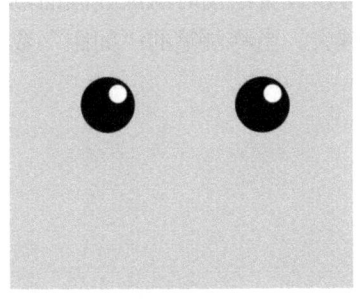
图1-27

图1-28

（5）继续在画布中右击，在弹出的面板中设置"大小"为80，然后设置前景色的颜色值为#f66d4d，使用画笔工具在卡通头像脸颊的左、右两侧分别单击，得到如图1-29所示的效果。可以尝试使用柔边画笔绘制卡通头像脸颊上的的橙色圆形，将得到如图1-30所示的效果。

图1-29

图1-30

1.5 掌握"画笔"面板

1.5.1 设置画笔笔尖形状

在"画笔"面板中单击"画笔笔尖形状"选项,"画笔"面板显示如图1-31所示。在此可以设置当前画笔的基本属性,包括画笔的"大小""圆度""间距"等。

- 大小:在此输入数值或者调整滑块,可以设置画笔笔尖的大小。数值越大,画笔笔尖的直径越大。使用不同大小的画笔进行绘制的对比效果如图1-32所示。
- 翻转X、翻转Y:用于使画笔进行水平方向或者垂直方向的翻转。
- 角度:在此输入数值,可以设置画笔旋转的角度。
- 圆度:在此输入数值,可以设置画笔的圆度。数值越大,画笔笔尖越趋向于正圆或者画笔笔尖在定义时所具有的比例。
- 硬度:当选择椭圆形画笔笔尖时,此参数才被激活。在此输入数值或者调整滑块,可以设置画笔边缘的柔和程度。数值越大,画笔的边缘越锐利;数值越小,画笔的边缘越柔和。
- 间距:在此输入数值或者调整滑块,可以设置绘图时组成线段的点与点之间的距离。数值越大,点与点之间的距离越大。当将画笔的"间距"数值设置得足够大时,可以得到点线效果。

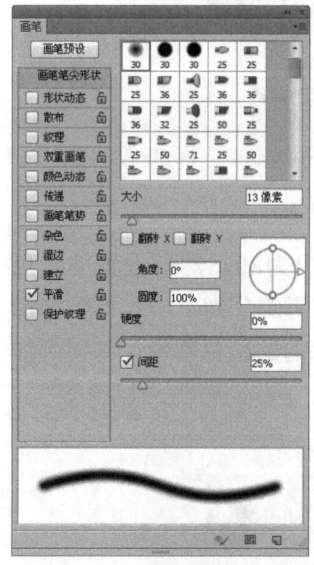

图1-31

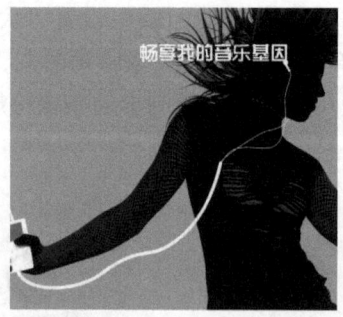

图1-32

1.5.2 形状动态参数

"画笔"面板的主要选项包括"形状动态""散布""纹理""双重画笔""颜色动态""传递""画笔笔势"等,配合各种参数设置,即可得到非常丰富的画笔效果。在"画笔"面板中选中"形状动态"复选框,"画笔"面板显示如图1-33所示。

- 大小抖动：用于控制画笔在绘制过程中尺寸的波动幅度。数值越大，波动的幅度越大。图1-34所示为原路径状态。图1-35所示是"画笔"面板中参数的设置状态。图1-36所示是分别设置此数值为30%和100%后描边路径得到的图像效果。可以看出，图1-36（b）中描边的线条出现了大大小小、断断续续的不规则效果。

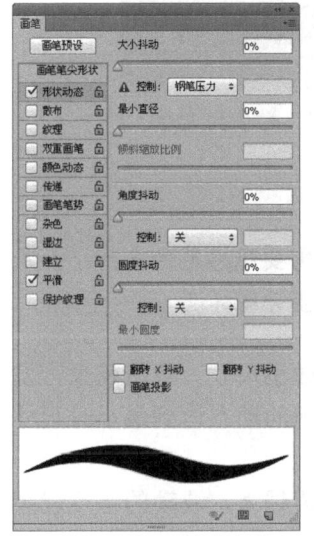 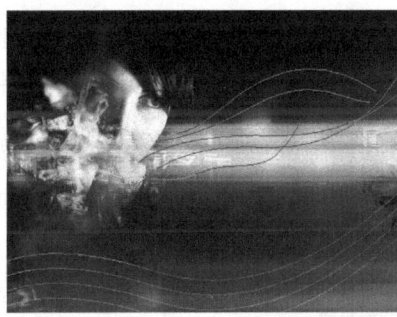 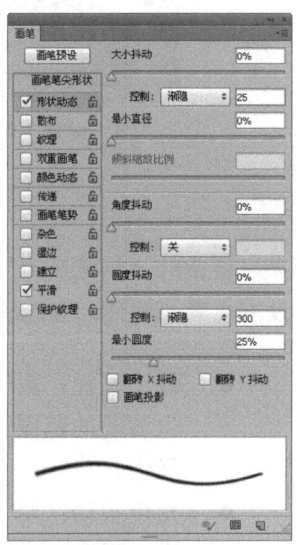

图1-33　　　　　　　　图1-34　　　　　　　　图1-35

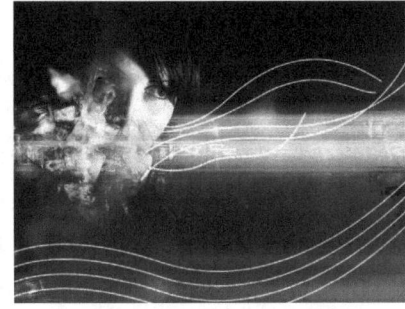 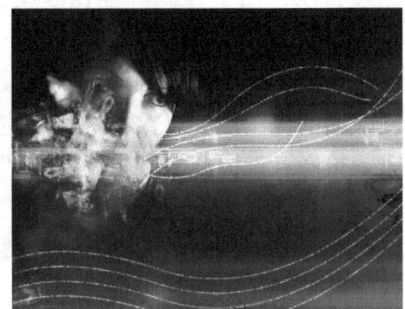

（a）设置"大小抖动"数值为30%　　（b）设置"大小抖动"数值为100%

图1-36

> 提示：在此进行路径描边时，将画笔工具的工具选项栏中的"模式"设置为"颜色减淡"。

- 控制：在此下拉列表框中包括5种用于控制画笔波动方式的参数，即"关""渐隐""钢笔压力""钢笔斜度""光笔轮"。选择"渐隐"选项，将激活其右侧的数值框，在此可以输入数值改变画笔渐隐的步长。数值越大，画笔消失的速度越慢，其描绘的线段越长。图1-37所示是将"大小抖动"数值设置为0%，然后分别设置"渐隐"数值为600和1200时得到的描边效果。

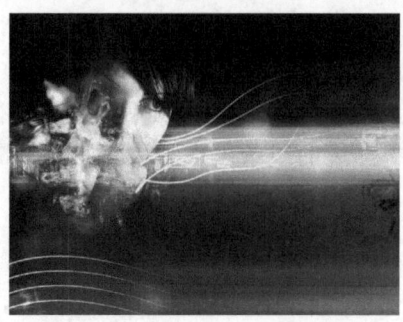 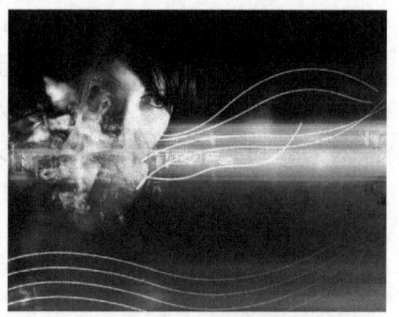

（a）设置"渐隐"数值为600　　　（b）设置"渐隐"数值为1200

图1-37

> 提示："钢笔压力""钢笔斜度""光笔轮"3种方式都需要压感笔的支持。如果没有安装此硬件，当选择这些选项时，在"控制"参数左侧将显示 A 标记。

- 最小直径：用于控制在画笔尺寸发生波动时画笔的最小尺寸。数值越大，发生波动的范围越小，波动的幅度也会相应变小，画笔的动态达到最小时尺寸最大。
- 角度抖动：用于控制画笔在角度上的波动幅度。数值越大，波动的幅度就越大，画笔也就显得越紊乱。
- 圆度抖动：用于控制画笔在圆度上的波动幅度。数值越大，波动的幅度也就越大。
- 最小圆度：用于控制画笔在圆度发生波动时的最小圆度尺寸值。数值越大，发生波动的范围越小，波动的幅度也会相应变小。
- 画笔投影：选中此复选框，并在"画笔笔势"选项中设置倾斜及旋转参数，则可以在绘图时得到带有倾斜和旋转属性的画笔效果。图1-38所示为未选中"画笔投影"复选框时的描边效果，图1-39所示是在选中了"画笔投影"复选框并在"画笔笔势"选项中设置"倾斜X"和"倾斜Y"均为100%时的描边效果。

图1-38　　　　　　　　图1-39

1.5.3 散布参数

在"画笔"面板中选中"散布"复选框,"画笔"面板显示如图1-40所示,在其中可以设置"散布""数量""数量抖动"等参数。

- 散布:用于控制在画笔发生偏离时绘制的笔画的偏离程度。数值越大,则偏离的程度越大。图1-41所示是分别设置此数值为200%和1000%时,按Z字形笔画在图像中涂抹的对比效果。

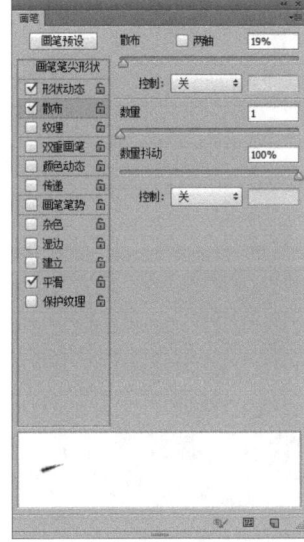

(a) 设置"散布"数值为200%　　(b) 设置"散布"数值为1000%

图1-40　　　　　　　　　　　　　图1-41

- 两轴:选中此复选框,画笔点在x和y两个轴向上发生分散;不选中此复选框,则只在x轴向上发生分散。
- 数量:用于控制笔画上画笔点的数量。数值越大,构成笔画的点越多。图1-42所示是分别设置此数值为10和3时,从星球的右侧向画布的右上角绘制光点时得到的对比效果。
- 数量抖动:此参数控制在绘制的笔画中画笔点数量的波动幅度。数值越大,得到的笔画中画笔的数量抖动幅度越大。

(a) 设置"数量"数值为10　　(b) 设置"数量"数值为3

图1-42

1.5.4 颜色动态参数

在"画笔"面板中选中"颜色动态"复选框,"画笔"面板显示如图1-43所示。选中此复选框,可以动态地改变画笔的颜色效果。

- 应用每笔尖:选中此复选框,在绘画时针对每一个画笔进行颜色动态变化;反之,则仅使用第1个画笔的颜色。图1-44所示是选中此复选框前后的描边效果对比。

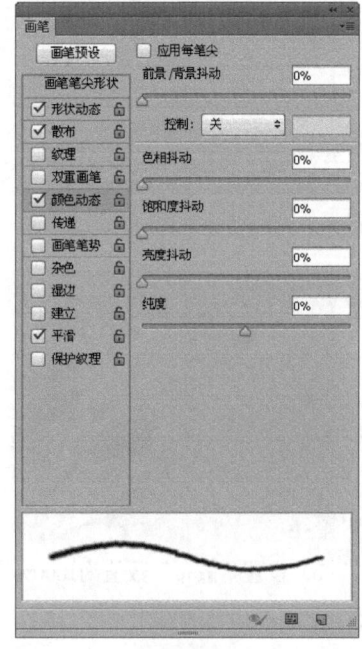

图1-43

图1-44

- 前景/背景抖动:在此输入数值或者拖动滑块,可以在应用画笔时控制画笔的颜色变化情况。数值越大,画笔的颜色发生随机变化时,越接近于背景色;数值越小,画笔的颜色发生随机变化时,越接近于前景色。
- 色相抖动:在此输入数值或者拖动滑块,可以控制画笔色相的随机效果。数值越大,画笔的色相发生随机变化时,越接近于背景色的色相;数值越小,画笔的色相发生随机变化时,越接近于前景色的色相。
- 饱和度抖动:在此输入数值或者拖动滑块,可以控制画笔饱和度的随机效果。数值越大,画笔的饱和度发生随机变化时,越接近于背景色的饱和度;数值越小,画笔的饱和度发生随机变化时,越接近于前景色的饱和度。
- 亮度抖动:在此输入数值或者拖动滑块,可以控制画笔亮度的随机效果。数值越大,画笔的亮度发生随机变化时,越接近于背景色的亮度;数值越小,画笔的亮度发生随机变化时,越接近于前景色的亮度。
- 纯度:在此输入数值或者拖动滑块,可以控制画笔的纯度。当设置此数值为-100%时,画笔呈现饱和度为0的效果;当设置此数值为100%时,画笔呈现完全饱和的效果。

图1-45所示为原图像。图1-46所示是结合"形状动态""散布""颜色动态"等参数设置后绘制得到的彩色散点效果。图1-47所示是为图像设置图层混合模式后的效果。

图1-45　　　　　　　　　图1-46　　　　　　　　　图1-47

实例：使用画笔工具制作散点效果

（1）打开素材文件，如图1-48所示。

图1-48

提示：下面要制作碎片从人物身体上分离的效果，所以在调整"画笔"面板时需要将画笔调整成碎片的状态。

（2）按F5键显示"画笔"面板，按照图1-49所示对"画笔"面板进行设置。

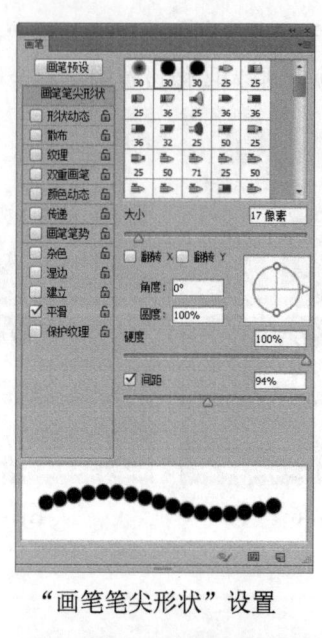
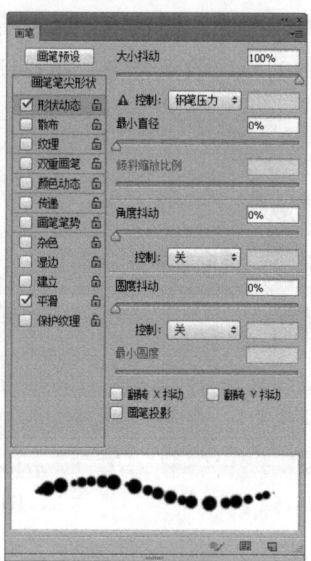

"画笔笔尖形状"设置　　　　"形状动态"设置

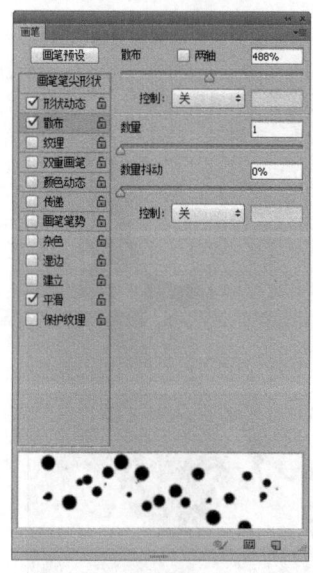
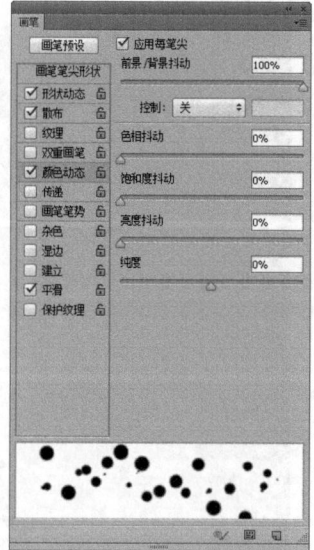

"散布"设置　　　　"颜色动态"设置

图1-49

 提示："颜色动态"选项中的"前景/背景抖动"参数是指前景色和背景色交互而成的画笔颜色。在进行绘制时需要将前景色和背景色与人物皮肤的颜色进行调和，调和的方法就是吸取人物身体上的颜色以使画笔的颜色与人物皮肤的颜色相同。

（3）在人物的腿部进行绘制，按F7键显示"图层"面板，单击"创建新图层"按钮，新建一个图层，得到"图层1"。

（4）用吸管工具在人物腿部最亮的位置单击，如图1-50所示，以吸取此处的颜色。按X键切换前景色与背景色，然后使用吸管工具在人物腿部较暗的位置单击，如图1-51所示。

（5）用画笔工具在人物腿部进行涂抹，得到如图1-52所示的散点效果。其他位置的绘制方法基本与上述步骤相同，请按照图1-53所示的流程图进行绘制。

> 提示：在绘制时画笔的大小需要根据具体情况进行设置，颜色也要在不同的位置进行不同的设置。由于绘制完成后散点的边缘不够锐利，缺乏真实感，可以通过添加"USM锐化"滤镜对散点进行锐化处理。

图1-54是为照片进行锐化处理并添加画框及文字后的最终效果。

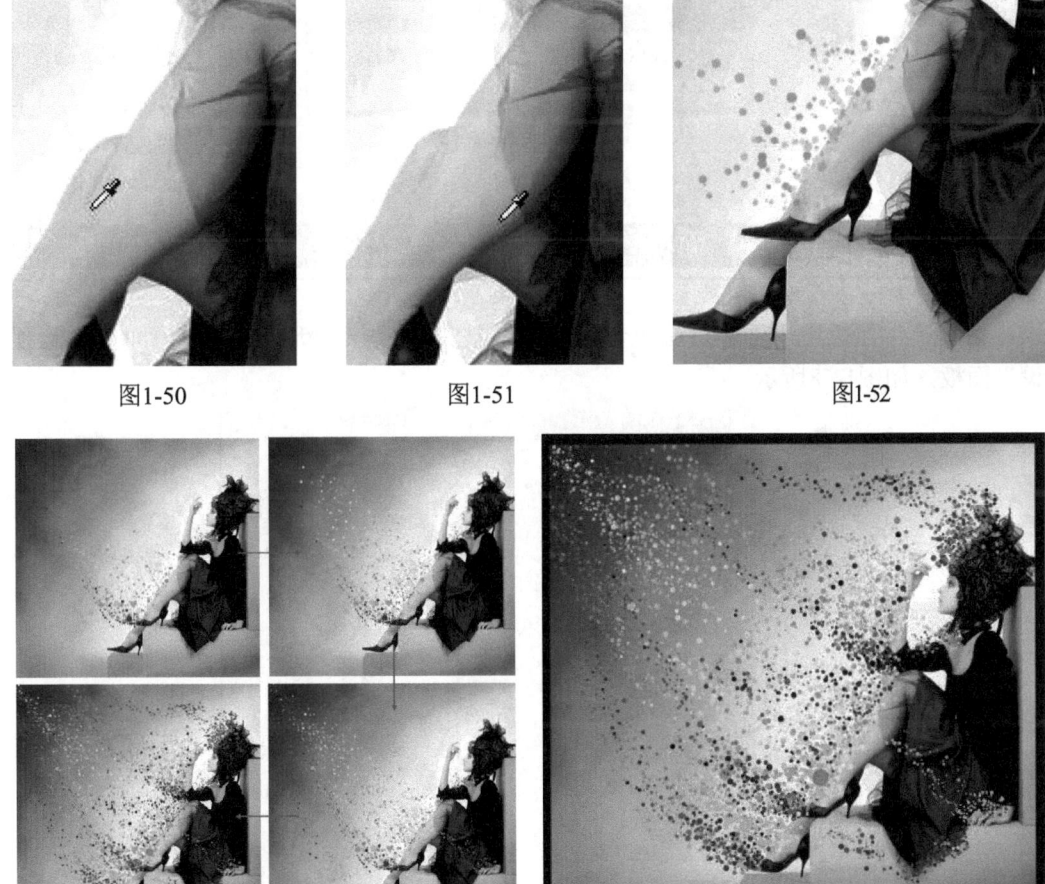

图1-50　　　　　　　图1-51　　　　　　　图1-52

图1-53　　　　　　　图1-54

实例：将图像自定义成画笔

如果需要更具个性的画笔效果，可以自定义画笔。自定义画笔的方法非常简单，其操作步骤如下所述。

（1）打开素材文件，如图1-55所示。

（2）如果要将图像中的部分内容定义为画笔，则需要使用选区工具（如矩形选框工具、套索工具、魔棒工具等）将要定义为画笔的区域选中。如果要将整个图像都定义为画笔，则无需进行任何选择操作。本例无需进行任何选择操作。

（3）执行"编辑"→"定义画笔预设"命令，弹出"画笔名称"对话框，在"名称"文本框中输入画笔的名称，如图1-56所示，单击"确定"按钮。

（4）在"画笔"面板中可以查看到新定义的画笔，如图1-57所示。

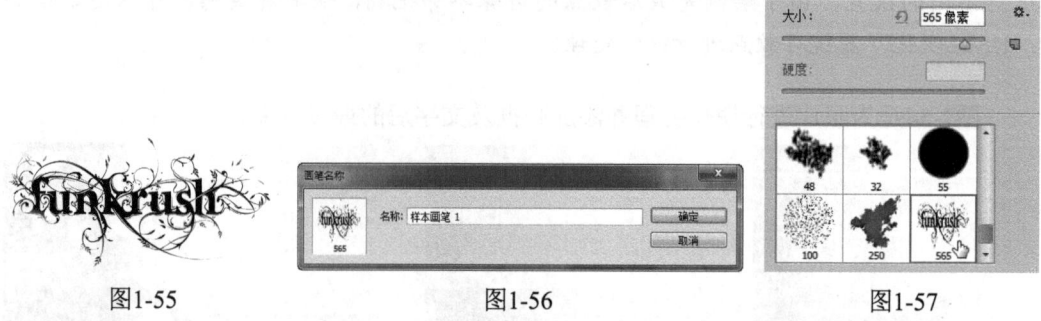

图1-55　　　　　　　　　　图1-56　　　　　　　　　　图1-57

1.6　了解"画笔预设"面板

"画笔"面板中用于管理画笔预设的功能被集成至一个新的面板中，即"画笔预设"面板，如图1-58所示。

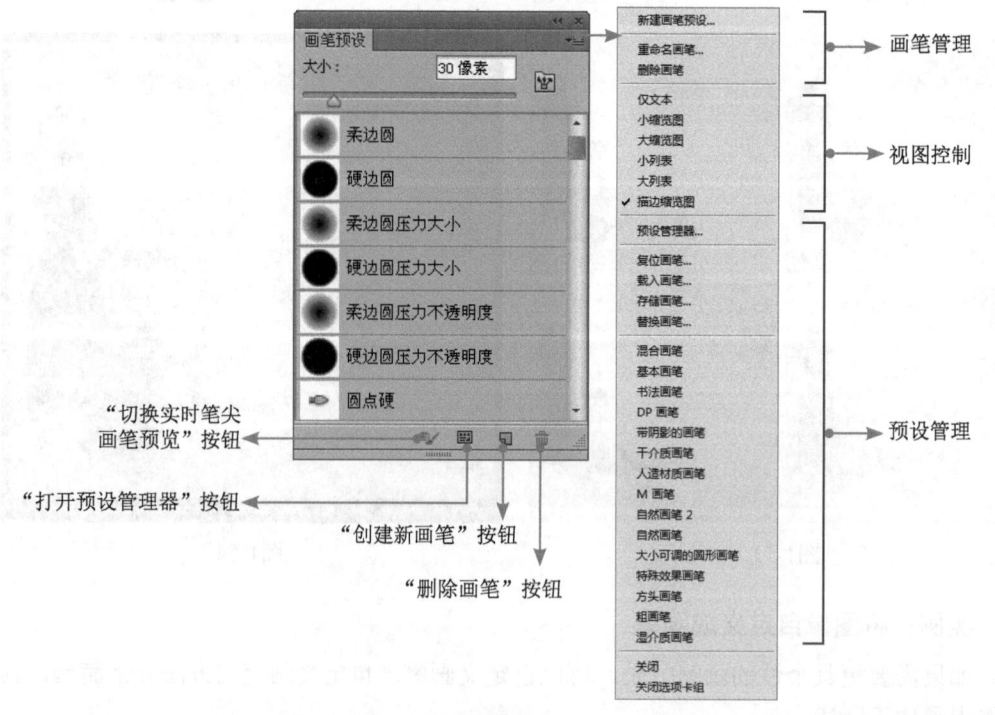

图1-58

"画笔预设"面板及其面板菜单中的选项解释如下。

- 画笔管理：用于创建、重命名及删除画笔。
- 视图控制：用于设置画笔显示的缩览图状态。
- 预设管理：用于进行载入、存储等画笔管理操作。
- "切换实时笔尖画笔预览"按钮：单击该按钮，默认情况下将在画布的左上方显示笔刷的形态，必须启用OpenGL才能使用此功能。
- "打开预设管理器"按钮：单击该按钮，可弹出画笔的"预设管理器"对话框，用于管理和编辑画笔预设。
- "创建新画笔"按钮：单击该按钮，在弹出的对话框中单击"确定"按钮，将按当前所选画笔的参数创建一个新画笔。
- "删除画笔"按钮：选择一个画笔后，该按钮就会被激活。单击该按钮，在弹出的对话框中单击"确定"按钮，即可将该画笔删除。

1.7 渐变工具

渐变工具是在图像的绘制与处理时经常用到的，可用于绘制作品的基本背景色彩及明暗、模拟图像的立体效果等。

1.7.1 创建实色渐变

虽然Photoshop自带的渐变足够丰富，但在某些情况下，还是需要自定义新的渐变以配合图像的整体效果。创建实色渐变的步骤如下所述。

（1）在渐变工具的工具选项栏中选择任意一种渐变方式，在此选择"线性渐变"。
（2）单击渐变色条，如图1-59所示，弹出如图1-60所示的"渐变编辑器"对话框。

图1-59

图1-60

（3）单击"预设"区域中的任意渐变，基于该渐变来创建新的渐变。
（4）在"渐变类型"下拉列表中选择"实底"选项，如图1-61所示。

（5）单击渐变色条起点处的颜色色标将其选中，如图1-62所示。

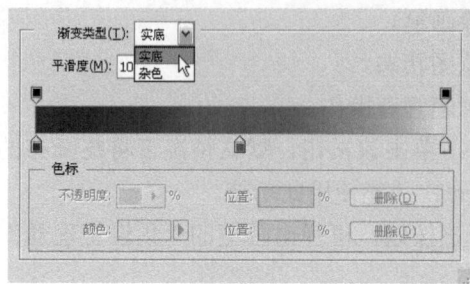

图1-61

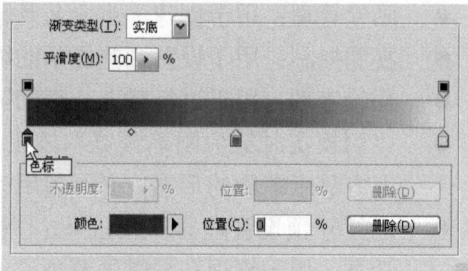

图1-62

（6）单击对话框底部"颜色"右侧的▶按钮，弹出选项菜单，其中各选项含义如下。
- 前景：选择此选项，可以使此色标所定义的颜色随前景色的变化而变化。
- 背景：选择此选项，可以使此色标所定义的颜色随背景色的变化而变化。
- 用户颜色：如果需要选择其他颜色来定义此色标，可以单击色块或者双击色标，在弹出的"拾色器（色标颜色）"对话框中选择颜色。

（7）按照本例步骤5～步骤6中介绍的方法为色标定义颜色，此处创建的是一个黑、红、白的三色渐变，如图1-63所示。如果需要在起点色标与终点色标中添加色标，将该渐变定义为多色渐变，可以直接在渐变色条下面的空白处单击，如图1-64所示，然后按照步骤5～步骤6中介绍的方法定义该处色标的颜色，此处将该色标设置为黄色，如图1-65所示。

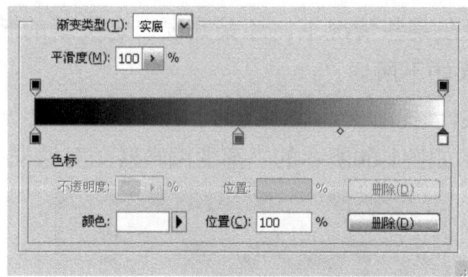

图1-63

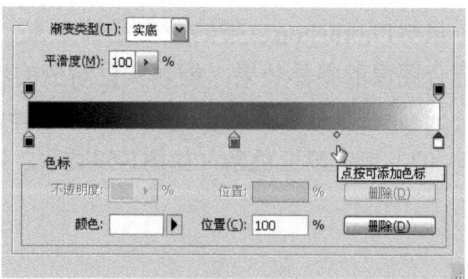

图1-64

（8）要调整色标的位置，可以按住鼠标左键将色标拖动到目标位置，或者在色标被选中的情况下，在"位置"数值框中输入数值，以精确定义色标的位置。图1-66所示为改变色标位置后的状态。

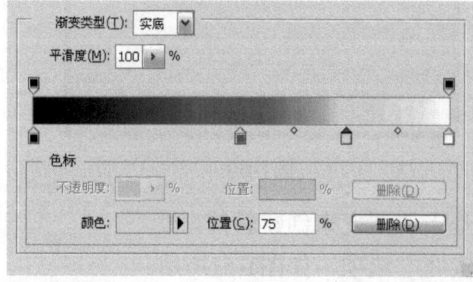

图1-65

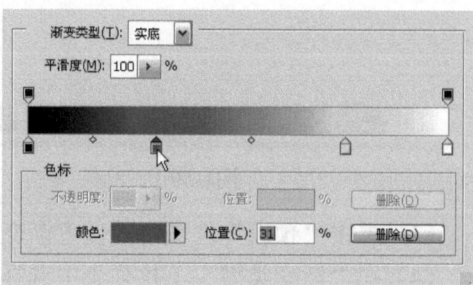

图1-66

（9）如果需要调整渐变的缓急程度，可以单击两个色标中间的菱形滑块，如图1-67所示，然后拖动菱形滑块。图1-68所示为向右侧拖动菱形滑块后的状态。

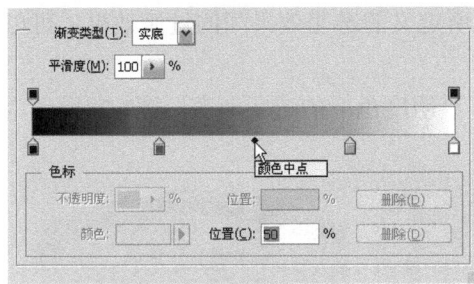
图1-67

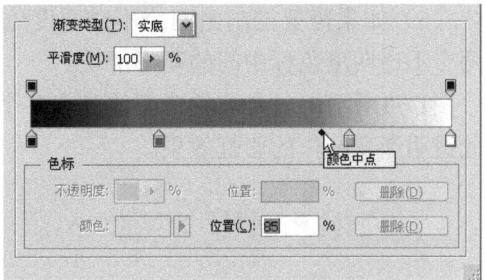
图1-68

（10）如果要删除处于选中状态下的色标，可以直接按Delete键，或者按住鼠标左键向下拖动，直至该色标消失为止。图1-69所示为将最右侧的白色色标删除后的状态。

（11）完成渐变颜色的设置后，在"名称"文本框中输入该渐变的名称。

（12）如果要将渐变存储在"预设"区域中，可以单击"新建"按钮。

（13）单击"确定"按钮，退出"渐变编辑器"对话框，新创建的渐变自动处于被选中的状态。图1-70所示为应用前面创建的实色渐变制作的渐变文字"彩铃"。

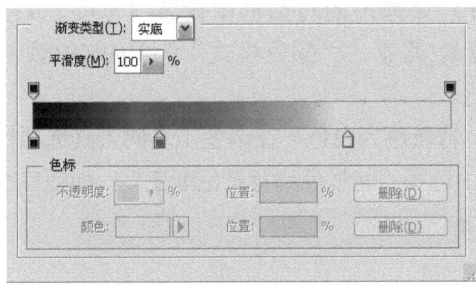
图1-69

图1-70

1.7.2 创建透明渐变

在Photoshop中除了可以创建不透明的实色渐变外，还可以创建具有透明效果的实色渐变。具体操作步骤如下所述。

（1）按照上一小节介绍的创建实色渐变的方法创建渐变，如图1-71所示。

（2）在渐变色条需要产生透明效果的位置的上方单击，添加一个不透明度色标。

（3）在该不透明度色标被选中的状态下，在"不透明度"数值框中输入数值，如图1-72所示。

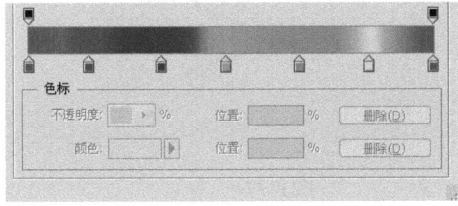
图1-71

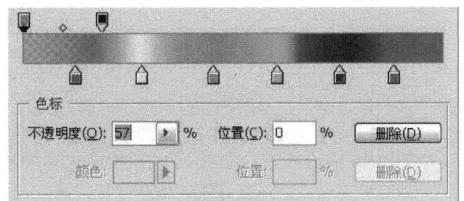
图1-72

（4）如果需要在渐变色条的多处位置产生透明效果，可以在渐变色条上方多次单击，以添加多个不透明度色标。

（5）如果需要控制由两个不透明度色标所定义的透明效果间的过渡效果，可以拖动两个不透明度色标中间的菱形滑块。

图1-73所示为一个非常典型的具有多个不透明度色标的透明渐变。图1-74所示为应用此透明渐变制作的彩虹效果。

图1-73　　　　　　　　　　　　　　图1-74

实例：使用渐变工具绘制群山起伏效果

本例将结合选区工具与渐变工具绘制一幅简单的山水画。

（1）按Ctrl+N组合键新建一个文件，在弹出的对话框中设置"宽度"933像素、"高度"为700像素、"分辨率"为72像素/英寸、"颜色模式"为8位RGB颜色、"背景内容"为"白色"，单击"确定"按钮。

（2）设置前景色的颜色值为#4583a8，背景色为白色，在渐变工具的工具选项栏中单击渐变色条右侧的三角按钮 ，在弹出的列表中选择"前景色到背景色渐变"，如图1-75所示。

图1-75

（3）在工具选项栏中单击"线性"按钮，按住鼠标左键的同时按住Shift键，在文件顶部向下拖动鼠标指针至文件底部，如图1-76所示。释放鼠标左键，即可得到如图1-77所示的效果。

图1-76　　　　　　　　　　　　　　图1-77

提示：此处绘制的渐变是为了抽象地模拟天空背景的效果。

（4）用套索工具在图像中绘制类似如图1-78所示的山形选区。

（5）设置前景色的颜色值为#a2bfd1，使用渐变工具，此时仍为"线性"渐变状态，在图像中右击，在弹出的列表中选择"前景色到透明渐变"，如图1-79所示。

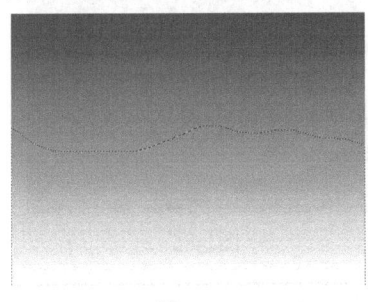
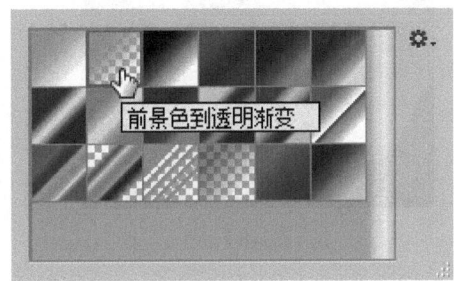

图1-78　　　　　　　　　　图1-79

（6）使用渐变工具，从选区的顶部至选区的底部偏左10°绘制渐变，按Ctrl+D组合键取消选区，得到如图1-80所示的效果。

（7）按照本例步骤4～步骤6的方法，依次绘制得到如图1-81所示的效果。

图1-80　　　　　　　　　　图1-81

（8）下面开始创建一个模拟太阳发光的渐变。设置前景色为白色，选择渐变工具，保持"线性"渐变状态，设置渐变为"前景色到透明渐变"，单击工具选项栏左侧的渐变色条，在弹出的"渐变编辑器"对话框中调整透明渐变的不透明度色标，如图1-82所示。从左至右，3个不透明度色标的不透明度值分别为100%、50%和0%。

（9）使用椭圆选框工具，按住Shift键在画布的左上角绘制如图1-83所示的正圆形选区。

图1-82　　　　　　　　　　图1-83

（10）在工具选项栏中单击"径向"按钮▣，然后将鼠标指针置于选区的中心位置，按住鼠标左键向选区的边缘拖动鼠标指针，释放鼠标左键，按Ctrl+D组合键取消选区，得到如图1-84所示的效果。也可尝试调整渐变属性，绘制如图1-85所示的太阳效果。

图1-84　　　　　　　　　　　　图1-85

1.8　铅笔工具

使用铅笔工具可以绘制硬边缘的效果，特别是绘制斜线，锯齿效果会非常明显，并且所有定义的外形光滑的笔尖都会被锯齿化。根据该特性，铅笔工具更适合绘制像素画。铅笔工具的使用方法与画笔工具基本相同，不同之处在于，铅笔工具不能使用"画笔"面板中的软笔刷，而只能使用硬轮廓笔刷。铅笔工具的工具选项栏如图1-86所示。

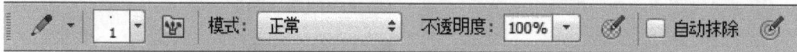

图1-86

其中，除了"自动抹除"选项外，其他选项均与画笔工具相同。在使用铅笔工具时，选中"自动抹除"复选框后，若落笔处不是前景色，则将使用前景色绘图；若落笔处是前景色，则将使用背景色绘图；对比效果如图1-87和图1-88所示。

图1-87　　　　　　　　　　　　图1-88

1.9　图章工具组的应用

在Photoshop CS6中，图章工具组中包含仿制图章工具和图案图章工具。下面将对这两种工具的使用方法进行具体介绍。

1.9.1 仿制图章工具

仿制图章工具的功能就像复印机，能够以指定的像素点为取样基准点，将该取样点周围的图像复制到图像中的任意位置。仿制图章工具的工具选项栏如图1-89所示。

图1-89

其中，部分选项的含义如下。

- 对齐：用于控制在复制时是否使用对齐功能。若未选中该复选框，在复制过程中松开鼠标后再次进行复制操作时，会以新的单击点为对齐点，重新复制取样点周围的图像；若选中该复选框，则在定义取样点后，即使分多次进行复制操作，系统也将始终以首次单击点为对齐点。
- 样本：用于选择复制样本的图层，包括"当前图层""当前和下方图层""所有图层"。

提示：仿制图章工具一般用于图像的合成效果处理，它可以准确地复制图像的一部分或全部内容。但要注意，在使用该工具时要先定义取样点。

仿制图章工具的使用方法是：打开需要复制的图像，选择仿制图章工具并设置选项参数，在按住Alt键的同时单击要复制的区域来定义取样点，然后在图像中拖动鼠标指针即可进行复制。图1-90所示为原图像，图1-91所示为使用仿制图章工具复制部分图像后的效果。

此外，使用仿制图章工具还可以在不同图像之间进行复制。

图1-90　　　　　　　　　　图1-91

1.9.2 图案图章工具

图案图章工具用于复制图案，并对图案进行排列。需要注意的是，该图案是在复制操作之前就定义好的。图案图章工具的工具选项栏如图1-92所示。

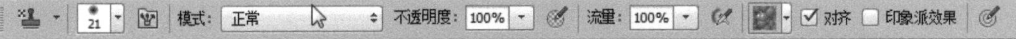

图1-92

其中，部分选项的含义如下。

- ▦：在该下拉列表框中可以选择需要复制的图案，可以是系统预设的图案，也可以是自定义的图案。
- 对齐：用于控制在复制图案时是否使用对齐功能。它与仿制图章工具选项栏中的"对齐"选项功能相近。
- 印象派效果：选中该复选框，可以对图案应用印象派艺术效果，使图案的笔触变得扭曲、模糊。

图案图章工具的使用方法比较简单，在此介绍一下复制自定义图案的操作过程。首先使用矩形选框工具选取要作为自定义图案的图像区域，如图1-93所示，然后执行"编辑"→"定义图案"命令，打开"图案名称"对话框，为选区命名并保存，再选择图案图章工具，在其工具选项栏中选择所定义的图案，在图像中涂抹即可，如图1-94所示。

图1-93　　　　　　　　　　　　　　图1-94

💡 提示：在定义图案的过程中需要注意，应使用矩形选框工具创建选区，并且矩形选框工具的羽化值必须为0。

Ⅱ. 试题汇编

1.1 第1题

【操作要求】

绘制图形，最终效果如图X1-01所示。

图X1-01

新建一个宽高400×300像素、72像素/英寸分辨率、RGB颜色模式的文件。
1. **绘图设定**：新建图层，使用选区工具绘制鸡蛋的形状，填充颜色（#8d502f）。
2. **绘图润饰**：使用加深工具和减淡工具处理明暗，使鸡蛋呈立体效果。
3. **效果修饰**：调整鸡蛋的大小，并添加投影。

将最终效果以X1-01.psd为文件名保存在考生文件夹中。

1.2 第2题

【操作要求】

绘制图形，最终效果如图X1-02所示。

图X1-02

新建一个宽高500×500像素、72像素/英寸分辨率、RGB颜色模式的文件。

1．**绘图设定**：填充背景色（#00fffc）。新建"图层1"，使用选区工具绘制云朵形状的选区，并用白色（#ffffff）填充。

2．**绘图润饰**：新建"图层2"，绘制山坡绿地。新建"图层3"，绘制小草。

3．**效果修饰**：抠出素材文件C:\2020PSCS6\Unit1\Y1-02.jpg（如图Y1-02所示）中的小房屋图形，将其移入新建文件。参照图X1-02，调整其大小和位置。

将最终效果以X1-02.psd为文件名保存在考生文件夹中。

图Y1-02

1.3 第3题

【操作要求】

绘制图形，最终效果如图X1-03所示。

图X1-03

新建一个宽高941×941像素、72像素/英寸分辨率、RGB颜色模式的文件。

1．**绘图设定**：使用选区工具绘制面部、眼睛和嘴，并输入文字"请多关照"和"宇宙股份有限公司"（字体不限）。

2．**绘图润饰**：根据效果图填充颜色，面部为黄色（#f7dd00），眼睛和嘴部分为黑色（#000000），外环文字圈为红色（#ff0000），文字为白色（#ffffff）。

3．**效果修饰**：使用文字扇形变形、图层描边等操作，增强画面效果。

将最终效果以X1-03.psd为文件名保存在考生文件夹中。

1.4 第4题

【操作要求】

绘制图形，最终效果如图X1-04所示。

图X1-04

新建一个宽高346×346像素、72像素/英寸分辨率、RGB颜色模式的文件。

1．**绘图设定**：填充背景色（#ffffff）。新建图层，使用选区工具制作钮扣圆形形状。

2．**绘图润饰**：缩小选区，填充红色渐变，制作出钮扣的层次效果。用黑色填充钮扣的孔洞。

3．**效果修饰**：添加斜面和浮雕效果。

将最终效果以X1-04.psd为文件名保存在考生文件夹中。

1.5 第5题

【操作要求】

绘制图形，最终效果如图X1-05所示。

图X1-05

新建一个宽高400×400像素、72像素/英寸分辨率、RGB颜色模式的文件。

1．**绘图设定**：填充背景色（#96c6dd）。新建图层，使用画笔工具绘制树木基本形状。

2．**绘图润饰**：使用涂抹工具绘制树枝，复制出若干图层，制作一片树林的效果。

3．**效果修饰**：调整树木的大小，应注意前后疏密变化。

将最终效果以X1-05.psd为文件名保存在考生文件夹中。

III. 试题解答

1.1 第1题解答

（1）新建一个宽高为400×300像素、分辨率为72像素/英寸、RGB颜色模式的文件。

（2）新建"图层1"，使用椭圆选框工具绘制一个椭圆形选区，并填充颜色（#8d502f），将其作为鸡蛋的基本图形，效果如图1-95所示。

（3）使用加深工具和减淡工具（大小均为130像素）对椭圆形进行明暗处理，制作鸡蛋的立体效果，效果如图1-96所示。

图1-95　　　　　　　图1-96

（4）新建"图层2"，使用椭圆选框工具绘制一个略小于鸡蛋图形的椭圆形选区，并填充黑色（#000000），使用"高斯模糊"滤镜（半径为50像素）制作鸡蛋的投影，参数设置如图1-97所示。

（5）使用"自由变换"命令将"图层1"中的鸡蛋图形适当旋转一定的角度，并适当调整鸡蛋的大小，使鸡蛋看起来更自然，最终效果如图1-98所示。

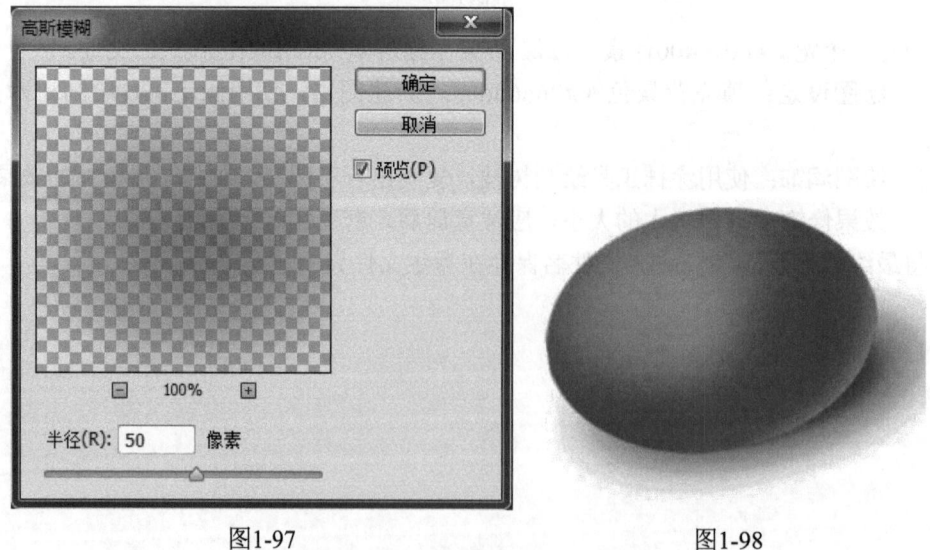

图1-97　　　　　　　图1-98

（6）将最终效果以X1-01.psd为文件名保存在考生文件夹中。

1.2 第2题解答

(1) 新建一个宽高为500×500像素、分辨率为72像素/英寸、RGB颜色模式的文件。

(2) 填充背景色 (#00fffc), 新建"图层1", 使用选区工具绘制云朵形状的选区, 并填充白色 (#fffff), 效果如图1-99所示。

(3) 新建"图层2", 使用钢笔工具分别绘制山坡绿地不同颜色的区域 (颜色值分别为#00a60a、#0dbd18、#12ec28和#c0d94a), 效果如图1-100所示。

图1-99　　　　　　　　　　　图1-100

(4) 新建"图层3", 使用画笔工具 (大小为134像素, 笔尖形状如图1-101所示) 绘制小草, 效果如图1-102所示。

图1-101　　　　　　　　　　　图1-102

(5) 打开素材文件C:\2020PSCS6\Unit1\Y1-02.jpg (如图1-103所示), 使用合适的选区工具抠选出素材文件中的小房屋图形, 将其移入新建文件, 并参照图1-104所示调整其大小和位置。

图1-103　　　　　　　　　　　图1-104

（6）将最终效果以X1-02.psd为文件名保存在考生文件夹中。

1.3　第3题解答

（1）新建一个宽高为941×941像素、分辨率为72像素/英寸、RGB颜色模式的文件。

（2）新建"图层1"，使用椭圆选框工具绘制一个圆形选区，并填充红色（#ff0000），得到红色圆形。

（3）复制"图层1"，得到"图层1 副本"，使用"自由变换"命令缩小圆形，并填充黄色（#f7dd00）。添加"描边"图层样式，设置"大小"为3像素、"颜色"为白色（#000000），如图1-105所示。

（4）新建"图层2"，使用椭圆选框工具绘制眼睛形状的正圆选区，并填充黑色（#000000）。复制"图层2"，得到"图层2 副本"，制作另一只眼睛，效果如图1-106所示。

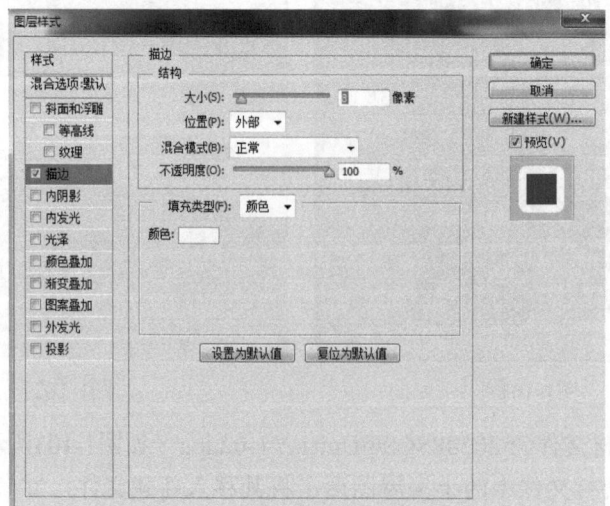

图1-105

（5）新建"图层3"，使用椭圆选框工具绘制嘴巴形状的选区，并填充黑色（#000000）。复制"图层3"，得到"图层3 副本"和"图层3 副本2"，缩小复制得到的嘴巴形状的大小，并变换其角度和位置，使嘴巴形状呈现微笑状态，效果如图1-107所示。

图1-106　　　　　　　　图1-107

（6）使用文字工具输入"宇宙股份有限公司"（字体不限），设置字体大小为48点、字间距为200、颜色为白色（#ffffff），变形样式为"扇形"，如图1-108所示。再次使用文字工具输入"请多关照"（字体不限），设置字体大小为60点、字间距为100、颜色为白色（#fffff），变形样式为"扇形"，如图1-109所示。

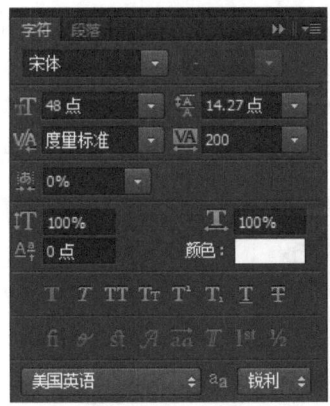 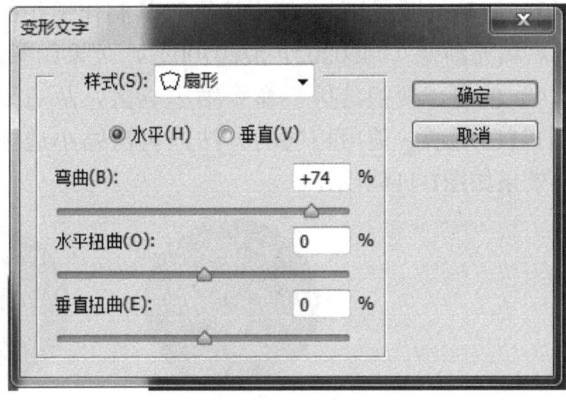

图1-108

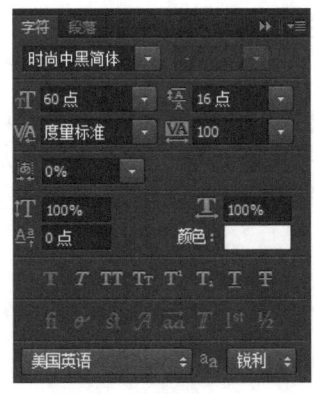 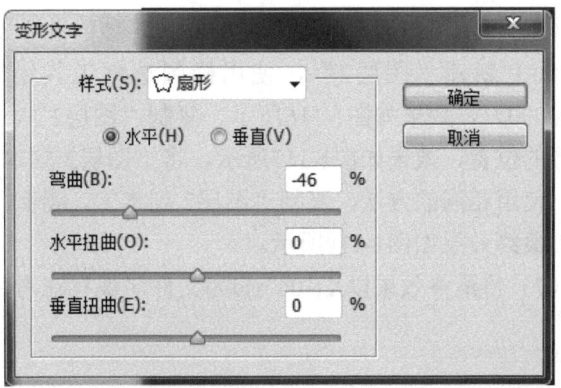

图1-109

（7）适当调整图像的大小和位置，最终效果如图1-110所示。

图1-110

（8）将最终效果以X1-03.psd为文件名保存在考生文件夹中。

1.4　第4题解答

（1）新建一个宽高为346×346像素、分辨率为72像素/英寸、RGB颜色模式的文件。

（2）用白色（#ffffff）填充"背景"图层。

（3）新建"图层1"，使用选区工具制作钮扣的圆形选区，效果如图1-111所示，从左到右填充渐变（#4b0202，#ee0100），效果如图1-112所示。

（4）使用"变换选区"命令缩小选区，从右到左填充渐变（颜色值不变），效果如图1-113所示。使用相同的方法，再次缩小选区，从左到右填充渐变（颜色值不变），效果如图1-114所示。

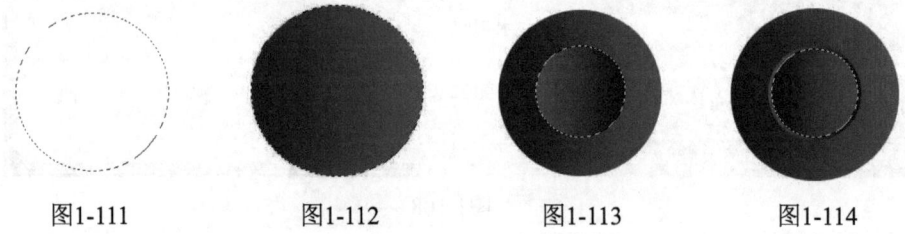

图1-111　　　　　图1-112　　　　　图1-113　　　　　图1-114

（5）添加"斜面和浮雕"图层样式，参数设置如图1-115所示。

（6）新建"图层2"，使用椭圆选框工具绘制一个小圆形选区，并填充黑色（#000000），效果如图1-116所示。复制"图层2"，得到"图层2 副本"，并调整黑色小圆形的位置，效果如图1-117所示，将"图层2 副本"和"图层2"合并为"图层2 副本"。使用相同的方法，复制"图层2 副本"，得到"图层2 副本2"，并调整小图形的位置，最终效果如图1-118所示。

（7）将最终效果以X1-04.psd为文件名保存在考生文件夹中。

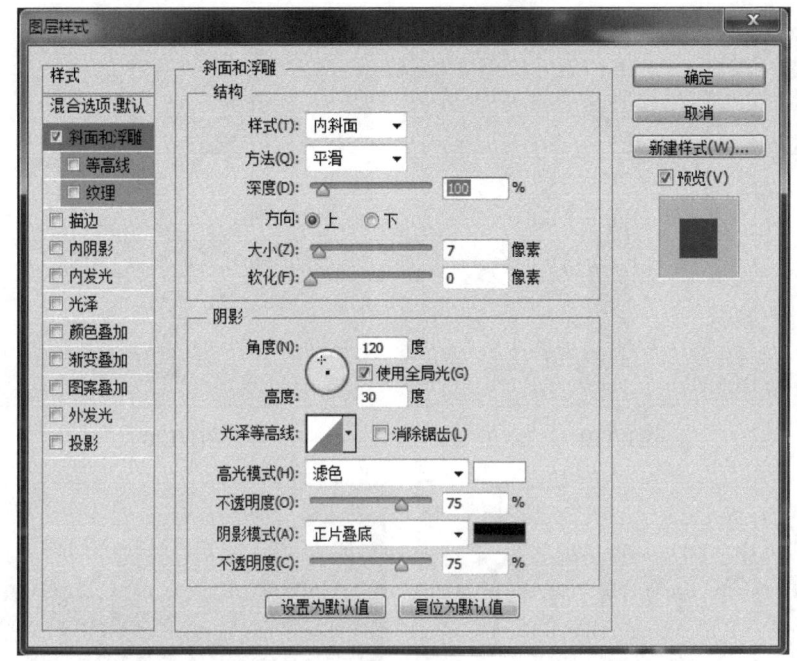

图1-115

图1-116　　　　　　图1-117　　　　　　图1-118

1.5　第5题解答

（1）新建一个宽高为400×400像素、分辨率为72像素/英寸、RGB颜色模式的文件。

（2）填充背景色（#96c6dd）。

（3）新建"图层1"，使用画笔工具绘制树木的基本形状，效果如图1-119所示。

（4）使用涂抹工具（强度为100%）绘制树枝，效果如图1-120所示。

（5）对"图层1"进行复制，得到若干副本图层，将图层中的树木排列成一排，适当调整树木的大小和疏密，效果如图1-121所示。使用相同的方法，再复制得到第2排、第3排、第4排的树木，适当调整树木的大小和疏密，要注意前后的疏密变化，最终效果如图1-122所示。

（6）将最终效果以X1-05.psd为文件名保存在考生文件夹中。

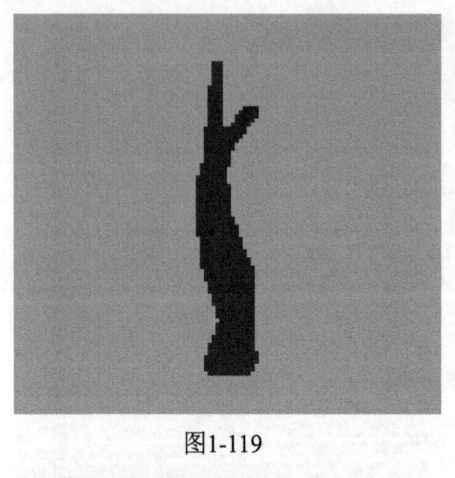
图1-119

图1-120

图1-121

图1-122

第2章 选区编辑

Ⅰ．知识讲解

知识要点

- 正确使用选区工具及选项设置，包括选框工具组、套索工具组、魔棒工具、移动工具等。
- 掌握选区编辑方法，包括选区的运算、修改、变换，存储选区，载入选区，等等。

评分细则

本章有3个评分点，每题12分。

评 分 点	分　　值	得分条件	判分要求
建立选区	4	正确建立选区形状或选取物体	创作的方法不要求
选区编辑	4	根据要求对选区进行变换	形状不正确不给分
效果修饰	4	达到修饰效果	允许一定的创意发挥

2.1　选区工具的使用

在使用Photoshop处理图像时，经常要对图像中的某一区域进行单独的处理和操作，这就需要使用创建选区的工具或命令将这个区域选择出来。Photoshop工具箱中提供的创建选区的工具有选框工具组、套索工具组及魔棒工具组，利用这些工具，不但可以选取规则的图像区域，还可以选取不规则的图像区域。

2.1.1　选框工具组

选框工具组中包括4种选框工具，分别是矩形选框工具、椭圆选框工具、单行选框工具和单列选框工具，使用选框工具可以选取规则的图像区域。在默认状态下，工具箱中显示的是矩形选框工具。下面就以矩形选框工具为例，讲解选框工具的使用。选中矩形选框工具，其工具选项栏如图2-1所示。

图2-1

工具选项栏中主要选项的含义如下。

1. 选区形式

"设置选区形式"按钮包括4个功能按钮，从左至右依次为："新选区"按钮、"添加到选区"按钮、"从选区减去"按钮、"与选区交叉"按钮。

2. 羽化

通过在数值框中输入数值来设置选区边界的羽化程度。羽化值的范围在0～1000像素之间，输入值为0时表示不进行羽化。羽化值越大，选区边界产生的柔化效果越大；羽化值越小，选区边界产生的柔化效果越小。在创建羽化的选区时，应先设置羽化值，再拖动鼠标指针创建选区。

3. 样式

设置创建选区的样式，有以下3种选项。
- 正常：系统默认的样式，可以创建任意大小的选区，选区范围只由鼠标指针的起始点与终止点决定。
- 固定比例：选择此选项，"样式"列表框右侧的"宽度"和"高度"数值框显示为可编辑状态，可分别输入数值，确定选区的宽高比例。
- 固定大小：选择此选项，可以在"宽度"和"高度"数值框中分别输入数值，确定选区的尺寸。

4. 高度与宽度互换

单击"高度和宽度互换"按钮，可以切换高度和宽度的数值。需要注意的是，此按钮只在样式为"固定比例"和"固定大小"时显示为可编辑状态。

5. 调整边缘

单击"调整边缘"按钮，打开"调整边缘"对话框（如图2-2所示）。利用该对话框可以提高选区边缘的品质，并允许对照不同的背景查看选区，方便编辑。其中，主要选项的含义如下。

- 视图：对照不同的背景查看选区。
- 半径：决定选区边界周围区域的大小，以进行边缘调整。
- 平滑：减少选区边界中的不规则区域，创建更加平滑的轮廓。
- 羽化：在选区及其周围像素之间创建柔化边缘过渡。
- 对比度：锐化选区边缘并去除模糊的不自然感。
- 移动边缘：收缩或扩展选区边界。

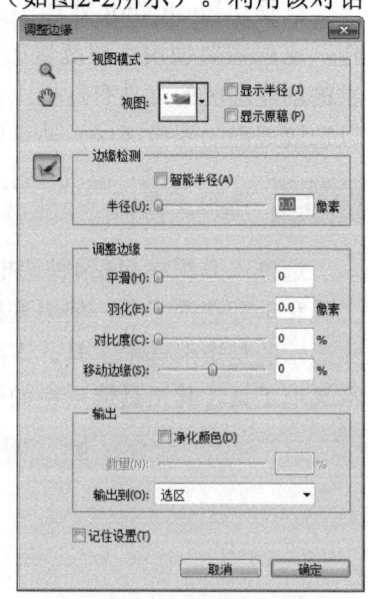

图2-2

⚠ 提示：使用矩形选框工具创建选区时，若按住Shift键拖动鼠标指针，可以创建正方形选区；若按住Alt键拖动鼠标指针，可以创建以起点为中心的矩形选区；若按住Shift+Alt组合键拖动鼠标指针，则可以创建以起点为中心的正方形选区。

2.1.2 套索工具组

使用套索工具可以选取不规则的图像区域。套索工具组包含套索工具、多边形套索工具和磁性套索工具3种。

1. 套索工具

使用套索工具可以创建以鼠标指针移动的路线为基准的任意形状的选区。操作方法是：选择套索工具，鼠标指针变为套索状，按住鼠标左键在画布中拖动鼠标指针，可以创建一个不规则的选区；释放鼠标后，系统会自动连接鼠标指针的起点与终点，形成一个闭合的选区。

利用套索工具，在图像的边缘拖动鼠标指针（如图2-3所示），即可粗略地选取图像，如图2-4所示。需要说明的是，使用套索工具创建选区，在按住Alt键的同时单击，可在单击的两点之间以直线相连。

图2-3　　　　　　　　　　　　图2-4

2. 多边形套索工具

使用多边形套索工具可以创建任意形状的多边形选区。操作方法是：选择多边形套索工具，鼠标指针变为多边形套索状，在画布中单击，确定多边形选区的起点，然后移动鼠标指针，依次在多边形选区的拐点处单击，如图2-5所示，最后移动鼠标指针至起点处（此时鼠标指针的右下角出现一个小圆圈）单击，系统将自动连接起点和终点，形成一个闭合的多边形选区，如图2-6所示。

图2-5　　　　　　　　　　　　图2-6

提示：在使用套索工具创建选区时，按住Alt键，可以将其切换为多边形套索工具。在使用多边形套索工具创建选区时，按住Shift键，可以创建出水平、垂直或45°角方向的选区边界。

3. 磁性套索工具

虽然使用套索工具和多边形套索工具可以创建任意形状的选区，但是很难精确定位选区边界。在选择边缘光滑、颜色对比度较强的图像时，可以选用磁性套索工具。选择磁性套索工具，其工具选项栏如图2-7所示。

图2-7

其中，主要选项的含义如下。

- 宽度：用来设置系统检测的范围，单位为像素。利用磁性套索工具进行选区的创建时，系统将在鼠标指针周围指定的宽度范围内选择反差最大的边缘作为选区边界，也就是自动检测边缘的宽度，查找分析色彩的区域。该数值的取值范围为1～256像素。数值越小，检测范围就越小。
- 对比度：用来设置系统检测选区边缘的精确度。该数值的取值范围是1%～100%。数值越大，系统能识别的选区边缘的对比度就越高，边界定位也就越精确。
- 频率：用来设置选区边缘关键点出现的频率。频率的取值范围为0～100。数值越大，系统创建关键点的速度就越快，关键点出现的次数也就越多。
- 使用绘图板压力以更改钢笔宽度：单击该按钮，可以使用绘图板压力更改钢笔笔触的宽度。此选项只有在使用绘图板绘图时才有效。

磁性套索工具能够自动识别图像的边界，按照图像的不同颜色将图像中相似的部分选取出来，还可以通过设置工具选项栏中的参数来精确创建选区。

具体的操作方法为：选择磁性套索工具，鼠标指针变成磁性套索状，在画布中所要选择的图像的边缘单击，确定选区的起点，然后沿所要选择的图像的边缘移动鼠标指针，系统会在预先设定的像素宽度内分析图像，自动将选区边界吸附到图像的边缘，当移动鼠标指针回到起点时，鼠标指针的右下角会出现一个小圆圈，单击即可形成一个封闭的选区，如图2-8所示。

图2-8

2.1.3 魔棒工具

魔棒工具是根据颜色的范围来确定选区的工具，可用于快速选择颜色差异大的图像区域。魔棒工具的工具选项栏如图2-9所示。

图2-9

其中，主要选项的含义如下。

- 容差：设置选取颜色的范围。取值范围在0～255之间，默认值为32。容差值越小，选取的颜色就越接近，即选区的范围越小。
- 连续：默认状态下，该复选框处于选中状态，表示系统将选取与单击点颜色相近的连续区域；若不选中该复选框，系统将对整个图像进行分析，选取图像中与单击点颜色相近的图像区域。
- 对所有图层取样：默认状态下，该复选框处于非选中状态，表示系统仅对图像当前图层进行分析；若选中此复选框，系统将图像中的所有图层作为一个图层统一进行分析。

打开如图2-10所示的图像，使用魔棒工具快速选择白色区域，如图2-11所示。执行"选择"→"反选"命令，可反向选择区域，如图2-12所示，此时即可对选区进行如填充等其他操作。

 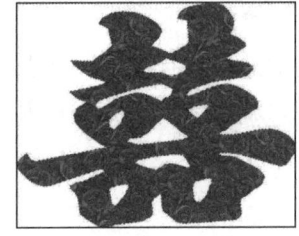 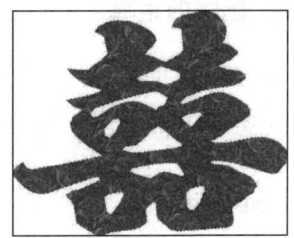

图2-10　　　　　　图2-11　　　　　　图2-12

2.1.4 移动工具

使用移动工具，可以将图层中的全部图像内容或选定区域中的图像内容移动到指定位置。移动工具的工具选项栏如图2-13所示。

图2-13

其中，主要选项的含义如下。

- 自动选择：选中此复选框后，再选择"层"选项，在图像文件中移动图像时，可以自动将图像所在的图层设置为工作图层；若不选中此复选框，在移动图像之前，必须在"图层"面板中将图像所在的图层设置为工作图层，然后再移动图像。选中"自动选择"复选框后，再选择"组"选项，在图像文件中移动图像时，如果移动的图像属于某个图层组，则将移动整个图层组中的图像。

- 显示变换控件：选中该复选框后，在要移动的图像的四周会显示控制框，此时可以直接对图像进行旋转、变形和翻转操作。原图像与选中该复选框并进行旋转的效果对比如图2-14和图2-15所示。

图2-14　　　　　　　　　　　　　　　图2-15

2.2　选区的编辑

创建好选区之后，就可以对选区进行编辑处理了。常见的选区编辑操作包括运算、修改及变换等。

2.2.1　选区的运算

所谓"选区的运算"，是指对选区进行添加、减去、交叉等操作。它们以按钮的形式分布在工具选项栏中，分别是"新选区""添加到选区""从选区减去""与选区交叉"。

1. 新选区

在默认情况下，"新选区"按钮为选中状态，此时只能创建一个选区。若已经存在一个选区，需要再创建一个选区时，则原选区会被取消。换句话说，在"新选区"状态下，新选区会替代原来的选区，相当于取消后重新选取，如图2-16和图2-17所示。这个特性也可以用来取消选区，就是用选区工具在图像中随便点一下即可取消现有的选区。

图2-16　　　　　　　　　　　　　　　图2-17

2. 添加到选区

如果已经存在一个选区，需要再创建一个选区时，单击此按钮或者按住Shift键，则新建选区与原选区相加，得到一个新选区。

在"添加到选区"状态下，鼠标指针变为 +，这时新、旧选区将共存。如果新、旧选区不相交，则形成两个封闭选区，如图2-18所示。如果新、旧选区彼此相交，则只显示一个选区，如图2-19所示。

　　　　图2-18　　　　　　　　　　　　图2-19

3. 从选区减去

如果已经存在一个选区，需要再创建一个选区时，单击此按钮或者按住Alt键，则从原选区减去与新建选区重合的部分，得到一个新选区。

在"从选区减去"状态下，鼠标指针变为 +，这时新选区会减去旧选区，如图2-20和图2-21所示。如果新选区与旧选区不相交，则没有任何效果。

　　　　图2-20　　　　　　　　　　　　图2-21

4. 与选区交叉

如果已经存在一个选区，需要再创建一个选区时，单击此按钮或者按住Shift+Alt组合键，则只保留新建选区与原选区重合的部分，得到一个新选区。选区交叉也被称为"选区交集"，它的作用是保留新、旧选区相交的部分，如图2-22和图2-23所示。

　　　　图2-22　　　　　　　　　　　　图2-23

提示：如果新、旧选区没有相交部分，则会出现如图2-24所示的警告框。

图2-24

2.2.2 选区的修改

选区的修改是选区编辑的一部分，包括扩展选区、收缩选区、边界选区、平滑选区及羽化选区。

1. 扩展选区

要使原有选区向外均匀扩展，执行"选择"→"修改"→"扩展"命令，打开"扩展选区"对话框，如图2-25所示。在其中可设置"扩展量"数值，其取值范围为1～500像素，数值越大，扩展范围越大。

图2-25

图2-26所示为原选区效果，图2-27所示为扩展量为15像素的扩展选区效果。

图2-26　　　　　　　　图2-27

2. 收缩选区

收缩选区的作用和扩展选区相反，是在原有选区的基础上向内均匀收缩。执行"选择"→"修改"→"收缩"命令，打开"收缩选区"对话框，如图2-28所示。在其中可设置"收缩量"数值，其取值范围为1～500像素，数值越大，收缩范围越大。

图2-28

图2-29所示为原选区效果，图2-30所示为收缩量为25像素的收缩选区效果。

图2-29　　　　　　　　　图2-30

3. 边界选区

执行"选择"→"修改"→"边界"命令，打开"边界选区"对话框，如图2-31所示。在其中可以设置边界的宽度，产生一个以原有选区边界为基础的特定宽度的选区。

图2-31

边界选区不同于扩展选区和收缩选区，不再是在原有选区的基础上放大或收缩选区，而是以原有选区的边界为基础创建一个新的特定宽度的选区。边界选区的宽度由设置的宽度值决定，数值越大，边界选区的宽度越大。图2-32所示为原选区效果，图2-33所示为宽度为20像素的边界选区效果。

图2-32　　　　　　　　　图2-33

4. 平滑选区

利用"平滑"命令，可使选区边缘变得较为连续和平滑。例如，在使用魔棒工具选取图像时，得到的选区往往会呈现很明显的锯齿状，此时使用"平滑"命令可以使选区边缘更平滑一些。执行"选择"→"修改"→"平滑"命令，打开"平滑选区"对话框（如图2-34所示），在"取样半径"数值框中输入1～500像素范围内的数值，设置完成后单击"确定"按钮。

图2-34

"取样半径"参数用于控制平滑程度，数值越大，则越平滑。图2-35所示为原选区效果，图2-36所示为取样半径为10像素的平滑选区效果。

图2-35　　　　　　　　　　图2-36

5. 羽化选区

羽化选区通常有以下两种方法。

（1）设置工具选项栏中的"羽化"值：选择矩形、椭圆等选框工具，在创建选区前先设置工具选项栏中的"羽化"参数，取值范围为0～1000，不同羽化值产生不同的羽化效果。填充设置羽化值的选区，边缘产生柔和的渐变效果。

（2）"羽化"命令：对已有选区设置羽化效果。执行"选择"→"修改"→"羽化"命令，打开"羽化选区"对话框，如图2-37所示。在"羽化半径"数值框中输入数值，可以得到选区的羽化效果。

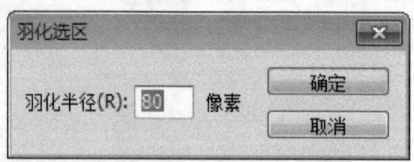

图2-37

图2-38所示为对选区没有进行羽化操作的图像合成效果，图2-39所示为设置"羽化半径"为80像素对选区进行羽化后的图像合成效果。

图2-38　　　　　　　　　　　　图2-39

2.2.3　选区的变换

在图像处理过程中，往往需要对创建的选区进行变换操作。执行"选择"→"变换选区"命令，选区周围出现控制框，如图2-40所示。通过调整控制框的8个控制点，可以旋转、缩放、斜切选区等。图2-41所示为旋转变换选区。在调整控制点时，按住Alt键，可以中心对称变换选区；按住Shift键，可以对选区进行等比例缩放；按住Ctrl键，可以对选区进行透视斜切变换。

图2-40　　　　　　　　　　　　图2-41

提示：执行"选择"→"变换选区"命令，仅变换选区的外形；而执行"编辑"→"自由变换"命令，在变换选区外形的同时也变换选区内部的图像。

2.2.4　存储选区

存储选区的操作也是很关键的。若当前创建的选区在以后还会使用，则可以将其保存起来。

执行"选择"→"存储选区"命令，打开"存储选区"对话框，如图2-42所示。在对话框中设置参数，将当前选区存储在一个Alpha通道中，以备使用。

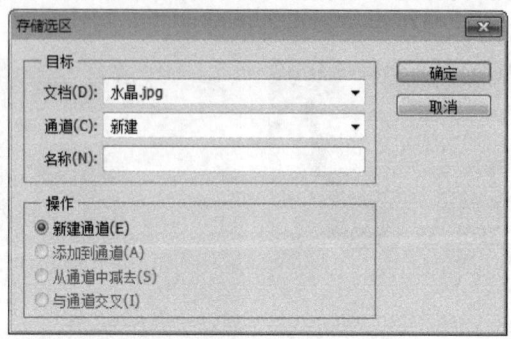

图2-42

2.2.5 载入选区

载入选区的操作一般用于需要在当前图像文档中载入其他文档选区的情况。执行"选择"→"载入选区"命令，打开"载入选区"对话框，如图2-43所示。
- 文档：用于选择要载入其选区的图像文档（默认为当前文档）。
- 通道：用于选择保存选区的通道或要载入的图层。
- 操作：在该选项区中可以设置载入的选区与图像中当前选区的运算方式。如果在载入选区之前当前图像中没有任何选区，则只有"新建选区"单选按钮为可选状态。

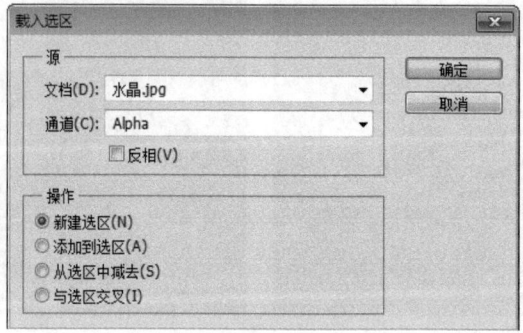

图2-43

Ⅱ．试题汇编

2.1　第1题

【操作要求】

利用选区合成图像，最终效果如图X2-01所示。

图X2-01

新建一个宽高1024×768像素、72像素/英寸分辨率、RGB颜色模式的文件，背景使用径向渐变（#296dd4，#000017）。打开素材文件C:\2020PSCS6\Unit2\Y2-01-a.jpg和Y2-01-b.jpg，如图Y2-01-a和图Y2-01-b所示。

1．建立选区：参照图X2-01，使用选区工具建立Y2-01-a和Y2-01-b中所需的选区。

2．选区编辑：调整选区的大小与位置。

3．效果修饰：添加"星"和"月亮"两个图层，"星"图层的不透明度为20%。使用选区工具绘制月亮并添加羽化效果，效果如图X2-01所示。

将最终效果以X2-01.psd为文件名保存在考生文件夹中。

图Y2-01-a

图Y2-01-b

2.2 第2题

【操作要求】

利用选区合成图像，最终效果如图X2-02所示。

图X2-02

打开素材文件C:\2020PSCS6\Unit2\Y2-02-a.jpg和Y2-02-b.jpg，如图Y2-02-a和图Y2-02-b所示。

1．**建立选区**：使用移动工具将素材Y2-02-a移入素材Y2-02-b内，并复制相应数量的图层。

2．**选区编辑**：使用"自由变换"命令实现图X2-02所示的效果。

3．**效果修饰**：使用"色相/饱和度"命令对上一步的操作效果进行适当的调整。

将最终效果以X2-02.psd为文件名保存在考生文件夹中。

图Y2-02-a

图Y2-02-b

2.3 第3题

【操作要求】

利用选区合成图像，最终效果如图X2-03所示。

图X2-03

打开素材文件C:\2020PSCS6\Unit2\Y2-03.jpg，如图Y2-03所示。

1．**建立选区**：输入文字"go"并激活选区，将选区转换成路径。
2．**选区编辑**：选择画笔工具，设置形状动态、散布、大小抖动，然后描边路径。
3．**效果修饰**：添加投影、描边图层样式，效果近似即可。

将最终效果以X2-03.psd为文件名保存在考生文件夹中。

图Y2-03

2.4 第4题

【操作要求】

利用选区合成图像,最终效果如图X2-04所示。

图X2-04

新建一个宽高726×713像素、72像素/英寸分辨率、RGB颜色模式的文件。

1．**建立选区**：新建"图层1",建立圆形选区,填充白色。新建"图层2",描边选区(白色,10像素),缩小圆形选区,描边小圆选区(10像素)。

2．**选区编辑**：新建"图层3",参照图X2-04,使用直线工具绘制六等分;打开素材文件C:\2020PSCS6\Unit2\Y2-04-a.jpg、Y2-04-b.jpg、Y2-04-c.jpg、Y2-04-d.jpg和Y2-04-e.jpg(如图Y2-04所示),将其复制到新建文件中;使用魔棒工具分别选出各个形状选区,并参照图X2-04移动相应素材。

3．**效果修饰**：为"背景"图层填充渐变(橙,黄,橙渐变)。添加文字"Photoshop"(字体不限)。

将最终效果以X2-04.psd为文件名保存在考生文件夹中。

图Y2-04

2.5 第5题

【操作要求】

利用选区合成图像,最终效果如图X2-05所示。

图X2-05

打开素材文件C:\2020PSCS6\Unit2\Y2-05-a.jpg和Y2-05-b.jpg,如图Y2-05-a和图Y2-05-b所示。

1．建立选区:为素材Y2-05-a中的鸡蛋图像和素材Y2-05-b中的小鸡图像建立选区。

2．选区编辑:使用添加/减去选区、变换选区、填充颜色等操作,对选区进行编辑。

3．效果修饰:对选区进行移动、变换与合成等操作。使用铅笔工具绘制蛋壳破裂的效果,并添加阴影。

将最终效果以X2-05.psd为文件名保存在考生文件夹中。

图Y2-05-a

图Y2-05-b

Ⅲ. 试题解答

2.1 第1题解答

（1）新建一个宽高为1024×768像素、分辨率为72像素/英寸、RGB颜色模式的文件。

（2）在"背景"图层中填充径向渐变（#296dd4，#000017），效果如图2-44所示。

（3）置入素材文件C:\2020PSCS6\Unit2\Y2-01-a.jpg，栅格化该图层，并重命名为"草地"。使用魔棒工具抠图，调整其大小和位置，效果如图2-45所示。

图2-44　　　　　　　　　　　　　　图2-45

（4）置入素材文件C:\2020PSCS6\Unit2\Y2-01-b.jpg，栅格化该图层，并重命名为"房子"。使用快速选择工具抠图，调整其大小和位置，效果如图2-46所示。

图2-46

（5）新建"星"图层，设置前景色为#fcff9d，追加混合画笔中的"交叉排线1"，绘制星星，效果如图2-47所示。将"星"图层的不透明度修改为20%。

（6）新建"月亮"图层，保持前景色为#fcff9d，使用椭圆选框工具绘制两个圆形选区，相减得到月亮选区，羽化5像素，填充前景色，效果如图2-48所示。

（7）将最终效果以X2-01.psd为文件名保存在考生文件夹中。

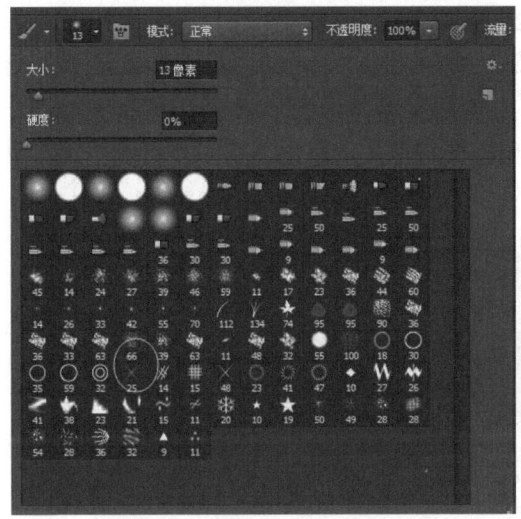

图2-47

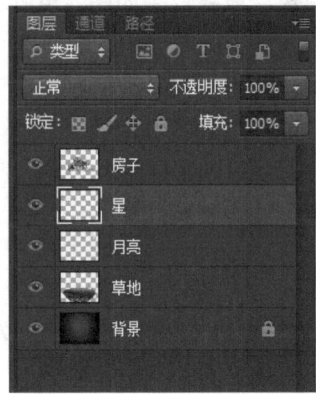

图2-48

2.2 第2题解答

（1）打开素材文件C:\2020PSCS6\Unit2\Y2-02-a.jpg和Y2-02-b.jpg，如图2-49和图2-50所示。

图2-49　　　　　　　　图2-50

（2）使用移动工具将素材文件Y2-02-a.jpg中的图像移入素材文件Y2-02-b.jpg，生成"图层2"。复制"图层2",得到"图层2 副本"和"图层2 副本2",作为备用。

（3）执行"编辑"→"自由变换"命令,将"图层2"中的图像变形成箱子的一个侧面（效果如图2-51所示）,将"图层2 副本"中的图像变形成箱子的另一个侧面（效果如图2-52所示）,将"图层2 副本2"中的图像变形成箱子的底面（效果如图2-53所示）。

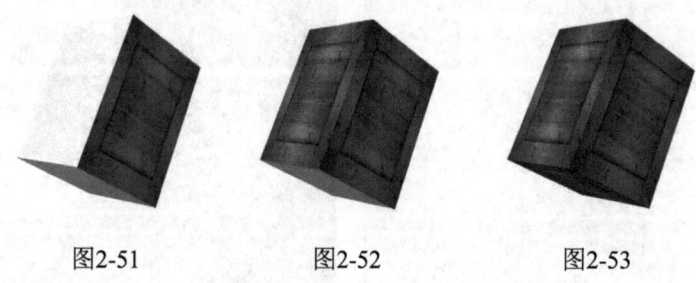

图2-51　　　　　图2-52　　　　　图2-53

（4）执行"图像"→"调整"→"色相/饱和度"命令,对箱子的各个面进行适当的明暗调整,最终效果如图2-54所示。

图2-54

（5）将最终效果以X2-02.psd为文件名保存在考生文件夹中。

2.3　第3题解答

（1）打开素材文件C:\2020PSCS6\Unit2\Y2-03.jpg,如图2-55所示。

（2）选择横排文字蒙版工具,输入"go"的选区,效果如图2-56所示,将选区转换成路径。

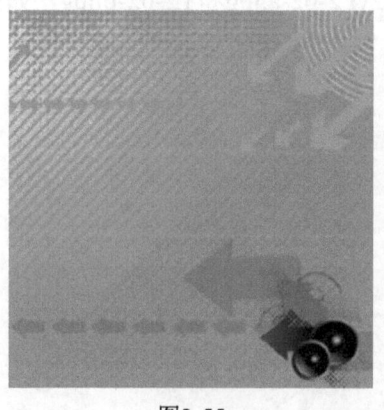 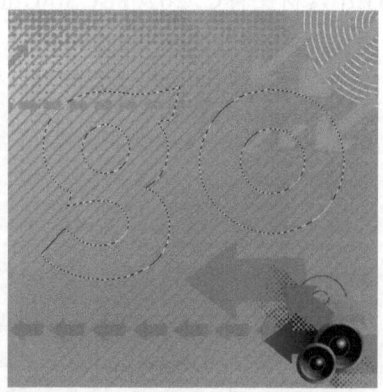

图2-55　　　　　　　　　　图2-56

（3）新建"图层1"，设置画笔工具：枫叶笔尖，大小为50像素，间距为60%，取消"散布"的选中状态，然后设置前景色的颜色值为#e61f19，描边路径，效果如图2-57所示。

图2-57

（4）激活"图层1"，制作描边和投影效果，参数设置如图2-58和图2-59所示。

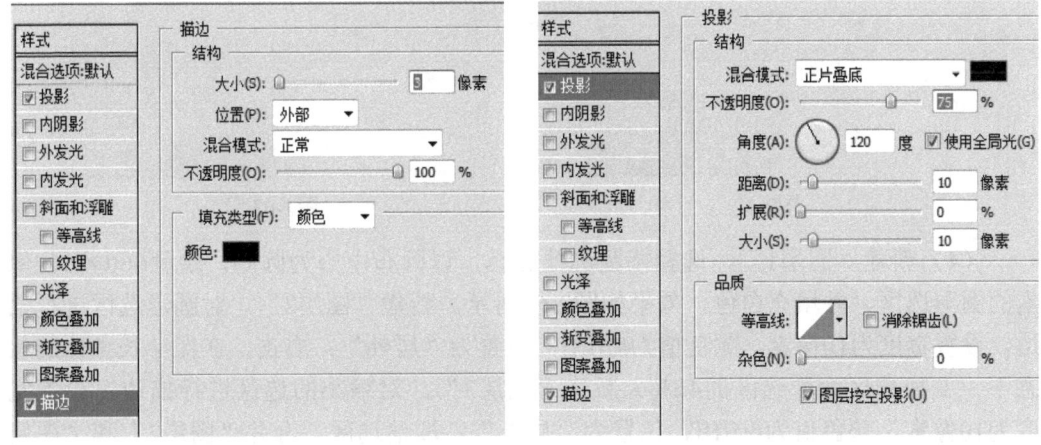

图2-58　　　　　　　　　　　　图2-59

（5）新建"图层2"，使用前面设置的画笔工具，沿文字轮廓进行描边绘制，效果如图2-60和图2-61所示。

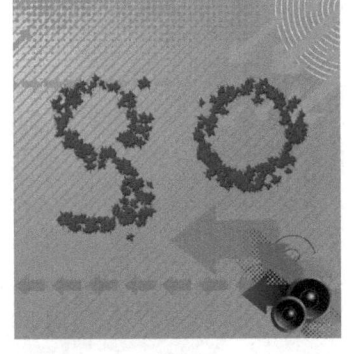 

图2-60　　　　　　　　图2-61

（6）将最终效果以X2-03.psd为文件名保存在考生文件夹中。

2.4 第4题解答

(1) 新建一个宽高为726×713像素、分辨率为72像素/英寸、RGB颜色模式的文件。

(2) 选择"背景"图层,选择渐变工具,在"渐变编辑器"对话框中选择"橙、黄、橙渐变",从画布的左上角向右下角拖动填充线性渐变,效果如图2-62所示。

(3) 按Ctrl+R组合键,调出标尺,分别拖动出水平和垂直参考线,并相交于画布的中心,效果如图2-63所示。

图2-62　　　　　　　　　　　　　　图2-63

(4) 新建"图层1",选择椭圆选框工具,以画布中心为圆心,绘制660×660像素的圆形选区,并填充白色,效果如图2-64所示。新建"图层2",对圆形选区进行描边,设置宽度为10像素,颜色值为#ffffff,位置为"居外";右击,在保持长宽比的状态下,变换选区为原选区的46%。新建"图层3",对缩小的选区进行描边,设置宽度为10像素,颜色值为#ffffff,位置为"居外",取消选区。合并"图层2"和"图层3",效果如图2-65所示。

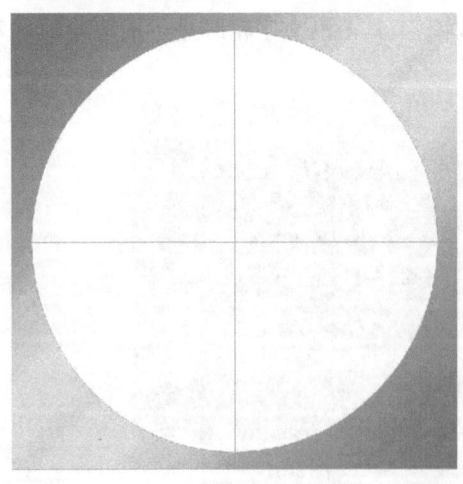
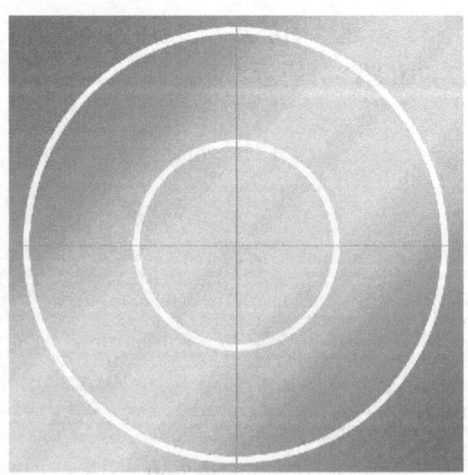

图2-64　　　　　　　　　　　　　　图2-65

（5）设置前景色为白色，使用粗细为10像素的直线工具从画布中心水平向左拖动绘制长度大于330像素的直线，得到"形状图层1"。复制"形状图层1"，得到"形状图层1 副本"，以画布中心线为旋转轴，将该副本图层中的直线旋转60°。重复复制操作3次，以画布中心线为旋转轴，将副本图层中的直线顺序旋转60°。合并所有形状图层，得到"图层4"，效果如图2-66所示。

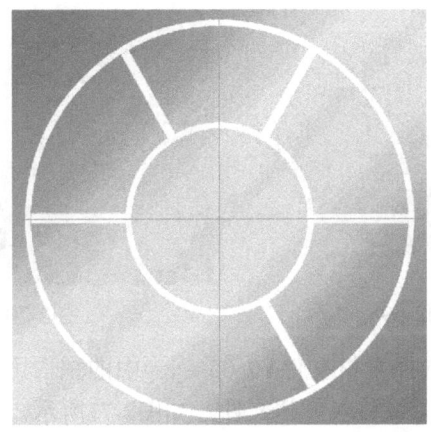

图2-66

（6）调出"图层3"中的圆形选区，反选，确定"图层4"为选中状态，按Delete键删除选区。

（7）分别打开素材文件C:\2020PSCS6\Unit2\Y2-04-a.jpg、Y2-04-b.jpg、Y2-04-c.jpg、Y2-04-d.jpg和Y2-04-e.jpg。

（8）使用魔棒工具分别选出扇形区域，参照图2-66，分别将扇形选区拖到相应的素材文件中进行选取，然后按Ctrl+C组合键进行复制，回到制作文件，按Ctrl+V组合键进行粘贴，效果如图2-67所示。

（9）选择横排文字工具，在白色大圆左下方的位置输入"Photoshop"（字体不限，此处使用宋体、锐利、72点、#818e83），效果如图2-68所示。

图2-67　　　　　　　　　　　图2-68

（10）将最终效果以X2-04.psd为文件名保存在考生文件夹中。

2.5 第5题解答

(1) 新建一个宽高为16厘米×12厘米、背景内容为白色、RGB颜色模式的文件。

(2) 打开素材文件C:\2020PSCS6\Unit2\Y2-05-a.jpg和Y2-05-b.jpg,如图2-69和图2-70所示。

图2-69　　　　　　　　图2-70

(3) 使用魔棒工具选择素材文件Y2-05-a.jpg中的空白区域,然后反选得到鸡蛋选区。使用移动工具将鸡蛋图像移入新建文件,如图2-71所示,生成"图层1"。

(4) 复制"图层1",将得到的副本图层重命名为"图层2",建立鸡蛋选区,并填充径向渐变,渐变颜色为白色至灰色(#bcbcbc),效果如图2-72所示。

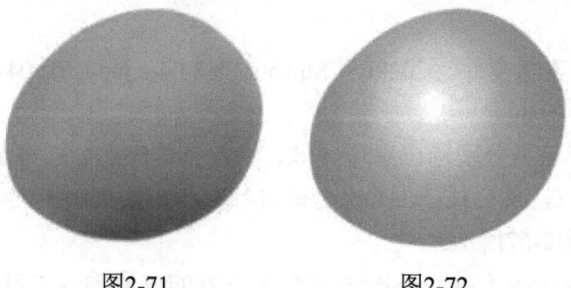

图2-71　　　　　　　　图2-72

(5) 使用多边形套索工具,在"图层2"中制作鸡蛋中部破碎部分的选区,然后删除选区中的图像内容,效果如图2-73所示。

(6) 使用磁性套索工具,选择素材文件Y2-05-b.jpg中小鸡图像的一部分,然后执行"选择"→"调整边缘"命令,对选区进行调整,使小鸡边缘的绒毛被选择,并且去掉杂色。对选区进行羽化(2像素),使用移动工具将其移入新建文件,效果如图2-74所示。

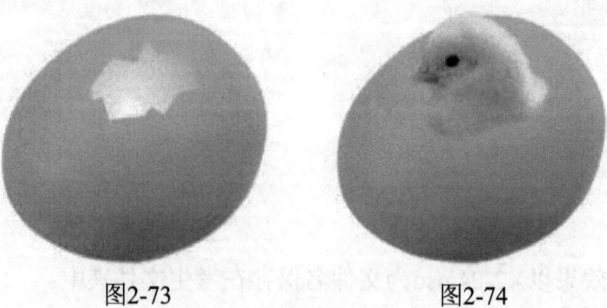

图2-73　　　　　　　　图2-74

（7）使用套索工具选择"图层2"中被小鸡遮挡的鸡蛋部分，对选区进行羽化（2像素），然后复制、粘贴，并调整图层的顺序，效果如图2-75所示。

（8）使用椭圆工具制作鸡蛋阴影的选区，使用渐变工具填充对称渐变，渐变颜色为白色至褐色（#865044），效果如图2-76所示。

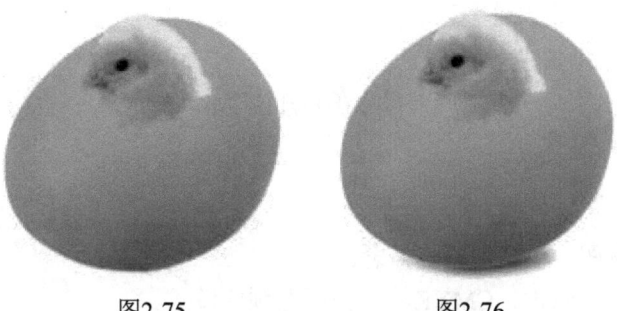

图2-75　　　　　　　图2-76

（9）使用铅笔工具（大小为1像素，白色）绘制蛋壳裂开的纹路。使用模糊工具对裂纹的末端进行模糊处理，最终效果如图2-77所示。

图2-77

（10）将最终效果以X2-05.psd为文件名保存在考生文件夹中。

第3章 色彩调整

Ⅰ.知识讲解

知识要点

- 了解矢量图、位图的基本概念。
- 掌握灰度、RGB、CMYK等各种图像颜色模式。
- 掌握形状工具组的使用。
- 掌握橡皮擦工具组的使用。
- 掌握图像修饰工具的使用。
- 掌握图像修复工具的使用。

评分细则

本章有3个评分点,每题12分。

评分点	分值	得分条件	判分要求
图像编辑	5	按照要求编辑图像或调整色彩	效果相似即可得分
色彩调整	5	按照要求调整色调	不符合要求不得分
效果修饰	2	达到修饰效果	允许一定的创意发挥

3.1 矢量图和位图

计算机绘图分为矢量图和位图两大类,认识它们的特点和差异,有助于创建、输入、输出、编辑和应用数字图像。

1. 矢量图

矢量图是用数学方式描述的曲线及曲线围成的色块制作的图形,它们在计算机内部表示成一系列的数值而不是像素点,这些值决定了图形如何在屏幕中显示。矢量图尤其适用于标志设计、图案设计、文字设计、版式设计等,所生成的文件比位图文件要小。

用户制作的每一个图形、输入的每一个字符都是一个对象,每一个对象都决定了其外形的路径。因此,可以自由地改变对象的位置、形状、大小和颜色。同时,由于这种保存图形信息的办法与分辨率无关,无论放大或缩小,都具有同样平滑的边缘,同样的视觉细节和清晰度。图3-1所示为原图效果,图3-2所示为将原图放大后的效果。

图3-1　　　　　　　　　　　　　图3-2

2. 位图

位图由像素组成。与矢量图相比，位图可以精确地记录图像色彩的细微层次。但是此类图像占用的磁盘空间较大，在执行缩放或旋转操作时容易失真。保存位图时需要记录每一像素的位置和色彩数据，因此，图像的像素越多，文件就越大，占用的磁盘空间也越大。

如果将这类图像放大到一定的程度，就会发现它是由一个个小方格组成的，这些小方格被称为"像素"。图3-3所示为原图效果，图3-4所示为将原图放大后的效果。

图3-3　　　　　　　　　　　　　图3-4

3.2　图像颜色模式

"颜色模式"是指在同一属性下的不同颜色的集合，能方便各种颜色的使用，而不必在反复使用颜色时对颜色进行重新调配。常用的颜色模式包括CMYK模式、RGB模式、Lab模式、位图模式、灰度模式和HSB模式等。每一种颜色模式都有自己的优、缺点及适用范围，并且各颜色模式之间可以根据处理图像的需要进行转换。

1. CMYK模式

CMYK模式是一种减色模式。人的眼睛就是根据减色模式来识别颜色的。CMYK模式主要用于印刷领域。纸上的颜色是通过油墨产生的，不同的油墨混合可以产生不同的颜色效果，但是油墨本身并不会发光，也是通过吸收（减去）一些色光，并将其他光反射到观者的眼睛里而产生颜色效果的。在CMYK模式中，C（Cyan）代表青色，M（Magenta）代表品红色，Y（Yellow）代表黄色，K（Black）代表黑色。C、M、Y分别是红、绿、蓝的互补色。这3种颜色混合在一起只能得到暗棕色，而得不到真正的黑色，因此，另外引入了黑色。由于Black中的B也可以代表Blue（蓝色），为了避免歧义，黑色用K表示。在印刷过程中，使用这4种颜色的印刷板来产生各种不同的颜色效果。

2. RGB模式

RGB模式是一种最基本、使用最广泛的颜色模式，源于色光的三原色原理。其中，R（Red）代表红色，G（Green）代表绿色，B（Blue）代表蓝色。

每种颜色都有256种不同的亮度值，因此，RGB模式理论上约有1670多万种颜色。这种颜色模式是屏幕显示的最佳模式，像显示器、电视机、投影仪等都采用这种颜色模式。但这种颜色模式超出了打印机打印色彩的范围，在这种颜色模式下打印出来的结果往往会损失一些亮度和色彩，因此，打印的时候最好不要使用这种颜色模式。

3. Lab模式

Lab模式有3个颜色通道，L表示亮度，a、b表示颜色范围。a通道包含的颜色从深绿（低亮度值）到灰（中亮度值）到亮粉红色（高亮度值）。b通道包括的颜色从亮蓝（低亮度值）到灰（中亮度值）再到焦黄色（高亮度值）。该模式解决了由不同的显示器和打印设备所造成的颜色差异。换言之，这种模式不依赖于设备，是一种独立于设备存在的颜色模式，不受任何硬件性能的影响。

4. 位图模式

位图模式是由黑、白两种像素组成的图像模式，有助于较为完善地控制灰度图的打印。只有灰度模式或多通道模式的图像才能转换为位图模式。因此，要将RGB模式转换为位图模式，应先转换为灰度模式，再由灰度模式转换为位图模式。

5. 灰度模式

灰度模式的图像中只存在灰度，而没有色相、饱和度等彩色信息。灰度模式共有256个灰度级。灰度模式的应用十分广泛。在成本相对低廉的黑白印刷中，许多图像都采用了灰度模式。

通常可以将图像从任何一种颜色模式转换为灰度模式，也可以将灰度模式转换为任何一种颜色模式。当然，如果将一种彩色模式的图像经过灰度模式再转换成原来的彩色模式，图像质量会受到很大的损害。

6. HSB模式

HSB模式是基于人类对颜色的感觉而开发的模式，也是最接近人眼观察颜色的一种模式。H表示色相，S表示饱和度，B表示亮度。

（1）色相是人眼能看见的纯色，即可见光光谱的单色。在0～360°的标准色轮上，色相是按位置度量的。例如，红色在0°，绿色在120°，蓝色在240°等。

（2）饱和度即颜色的纯度或强度。饱和度表示色相中灰度成分所占的比例，用0%（灰）至100%（完全饱和）来度量。

（3）亮度是颜色的亮度，通常用0%（黑）至100%（白）的百分比来度量。

3.3　形状工具组的应用

工具箱中包含一组形状工具，分别是矩形工具、圆角矩形工具、椭圆工具、多边形工具、直线工具及自定形状工具。

3.3.1　矩形工具和圆角矩形工具

选择矩形工具，按住鼠标左键在画布中拖动鼠标指针，即可创建矩形。矩形工具的工具选项栏如图3-5所示。

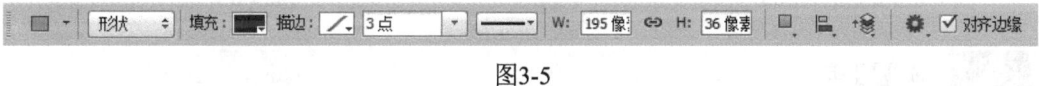

图3-5

矩形的绘制分为两种情况，一种是普通矩形，另一种是填充矩形。在绘制矩形的过程中，若按住Shift键，则可以得到标准的正方形。绘制矩形和绘制填充矩形的唯一区别，即是否使用前景色填充矩形。其中，矩形边框的宽度是由线型工具按钮来设置的，它的颜色采用当前的前景色。

单击工具选项栏中的设置按钮，打开设置面板，在此可以设置矩形的创建方法，如图3-6所示。

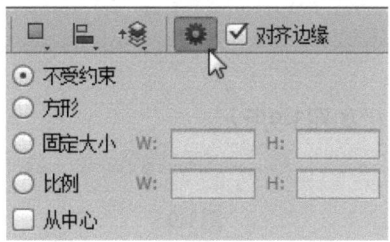

图3-6

其中，面板中各选项的含义如下。

- 不受约束：单击该单选按钮，可以绘制任意大小的矩形。
- 方形：单击该单选按钮，可以绘制任意大小的正方形。
- 固定大小：单击该单选按钮，可以在其右侧的"W"和"H"数值框中输入宽度和高度的数值，绘制出固定大小的矩形。
- 比例：单击该单选按钮，可以在其右侧的"W"和"H"数值框中输入宽度和高度的比例，绘制出任意大小但宽度和高度保持一定比例的矩形。
- 从中心：选中该复选框，鼠标指针在画布中的单击点即为所绘制矩形的中心点，绘制矩形时由中心向外扩展。

圆角矩形的绘制方法与矩形相似，圆角矩形工具的选项设置与矩形工具的选项设置也基本相同，只是多了"半径"参数。该参数用来设置圆角矩形的圆角半径，数值越大，圆角越大。图3-7和图3-8所示的圆角矩形半径分别为10像素和50像素。

图3-7

图3-8

3.3.2 椭圆工具

椭圆的绘制方法与矩形相似。在绘制过程中，每绘制一次就改变一次前景色，这样就会创建不同填充色的椭圆或正圆。椭圆的绘制也分为普通椭圆和填充椭圆。

在使用椭圆工具绘制图形时，应掌握以下绘制技巧。

（1）在绘制椭圆时，按住Shift键，可以创建正圆。

（2）在绘制椭圆时，按住Alt键，将以单击点为中心向四周绘制椭圆。

（3）在绘制椭圆时，按住Shift+Alt组合键，将以单击点为中心向四周绘制正圆。

3.3.3 多边形工具

多边形工具的工具选项栏如图3-9所示。

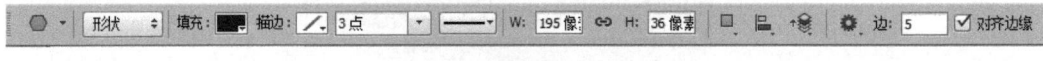
图3-9

该工具选项栏中的"边"参数用于设置所绘多边形的边的数目，取值范围在3~100之间。单击工具选项栏中的设置按钮，打开设置面板，如图3-10所示。

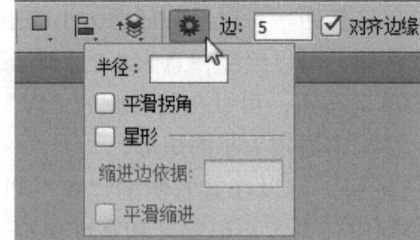
图3-10

其中,各选项的含义如下。
- 半径:设置所绘多边形或星形的半径,即图形中心到顶点的距离。
- 平滑拐角:选中该复选框,绘制的多边形或星形将具有平滑的拐角,如图3-11所示。
- 星形:选中该复选框,可绘制星形。其中,"缩进边依据"数值框用来设置星形边缩进的百分比,该数值越大,边缩进越明显,图3-12所示的缩进量分别为50%和25%。
- 平滑缩进:选中该复选框,可以使绘制的星形的边平滑地向中心缩进,如图3-13所示。

图3-11

图3-12

图3-13

3.3.4 直线工具

直线工具的工具选项栏如图3-14所示。

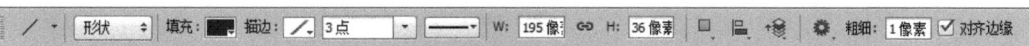

图3-14

该工具选项栏中的"粗细"参数用于设置所绘直线的宽度,取值范围在1~1000像素之间。单击工具选项栏中的设置按钮,打开"箭头"设置面板,如图3-15所示。

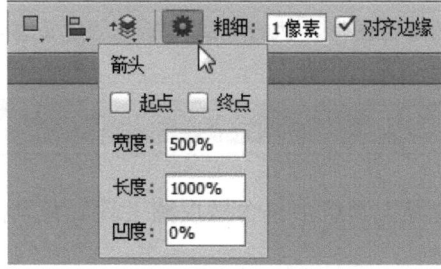

图3-15

其中,各选项的含义如下。
- 起点、终点:在所绘直线的起点或终点添加箭头,如图3-16所示。
- 宽度、长度:设置箭头宽度或长度与直线宽度的百分比,宽度范围为10%~1000%,长度范围为10%~5000%。不同宽度和高度的箭头效果如图3-17所示。
- 凹度:设置箭头的凹陷程度,范围是-50%~50%。不同凹度的箭头效果如图3-18所示。

图3-16　　　　　　　　　　图3-17　　　　　　　　　　图3-18

3.3.5　自定形状工具

使用自定形状工具可以绘制多种特殊的图案。在自定形状工具的工具选项栏中，单击设置按钮，打开如图3-19所示的面板。

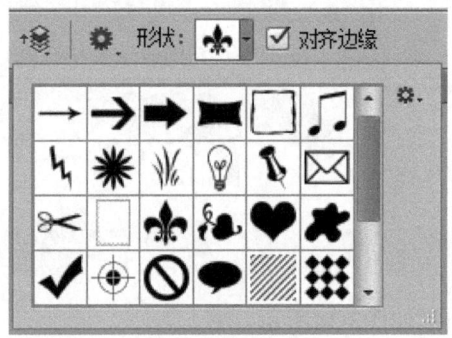

图3-19

可以在面板中选择相应的图案，还可以单击面板右上角的设置按钮，在弹出的面板菜单中执行"载入形状"和"替换形状"等命令。

❗ 提示：除了可以使用系统提供的形状外，还可以将自己绘制的路径图形创建为自定义形状。方法是，选中绘制的路径图形，执行"编辑"→"定义自定形状"命令。

3.4　橡皮擦工具组的应用

在Photoshop中，橡皮擦工具组中包含橡皮擦工具、背景橡皮擦工具和魔术橡皮擦工具。

3.4.1　橡皮擦工具

橡皮擦工具主要用于擦除当前图像中的颜色，其工具选项栏如图3-20所示。

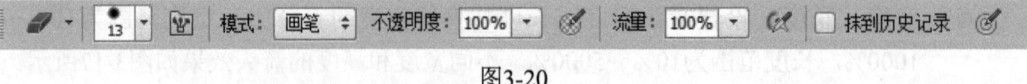

图3-20

其中，主要选项的含义如下。

- 模式：可用于选择使用画笔工具或铅笔工具的参数，包括笔尖样式、大小等。若选择"块"模式，橡皮擦工具将使用方块笔尖。
- 不透明度：若不想完全擦除图像，可以降低不透明度。
- 抹到历史记录：在擦除图像时，可以使图像恢复到任意一个历史状态，常用于恢复图像的局部到某一个状态。

橡皮擦工具与现实生活中的橡皮擦功能相似，其擦除前后的效果如图3-21和图3-22所示。

图3-21　　　　　　　　　　　　　图3-22

3.4.2　背景橡皮擦工具

背景橡皮擦工具可以用于擦除指定颜色，其工具选项栏如图3-23所示。

图3-23

其中，主要选项的含义如下。

- 连续：是指从笔尖中心所在位置随着取样点的移动而不断地取样，这样可以擦除与笔尖中心所在位置相邻的颜色区域。
- 一次：是指以第1次单击时笔尖中心点的颜色为取样颜色，取样颜色不随鼠标指针的移动而改变。
- 背景色板：是指将背景色设置为取样颜色，只擦除与背景颜色相同或相近的颜色区域。
- 限制："不连续"是指擦除容差范围内所有与取样点颜色相似的像素。"连续"是指擦除与取样点相接或邻近的颜色相似区域的像素。"查找边缘"是指擦除与取样点相连的颜色相似区域的像素，能较好地保留替换位置颜色反差较大的边缘轮廓。
- 容差：用于控制擦除颜色区域的大小。数值越小，所擦除的颜色越接近取样颜色，所擦除的颜色范围也就越小。
- 保护前景色：选中该复选框，可以防止擦除与前景色颜色相同的区域，从而起到保护部分图像区域的作用。

使用背景橡皮擦工具擦除七星瓢虫体色前后的对比效果如图3-24和图3-25所示。

图3-24　　　　　　　　　　　　　　图3-25

3.4.3 魔术橡皮擦工具

魔术橡皮擦工具是魔棒工具和背景橡皮擦工具的结合，是一种根据像素颜色来擦除图像的工具。使用魔术橡皮擦工具可以一次性擦除图像或选区中颜色相同或相近的区域，从而得到透明区域，如图3-26和图3-27所示。若当前图层是"背景"图层，则"背景"图层将被转换为普通图层。

图3-26　　　　　　　　　　　　　　图3-27

选择魔术橡皮擦工具，其工具选项栏中主要选项的含义如下。
- 消除锯齿：选中此复选框，将得到较平滑的图像边缘。
- 对所有图层取样：选中此复选框，将利用所有可见图层中颜色信息的组合数据进行取样，否则只对当前图层的颜色信息进行取样。

3.5 模糊、锐化、涂抹工具的应用

在图像的修复过程中，模糊工具、涂抹工具及锐化工具的使用颇为频繁。为了更好地掌握它们的使用方法和使用技巧，下面进行详细的介绍。

3.5.1 模糊工具

在工具箱中选择模糊工具，其工具选项栏如图3-28所示。

图3-28

其中，主要选项的含义如下。

- 模式：用于设置像素的合成模式。
- 强度：用于控制模糊的程度。
- 对所有图层取样：选中该复选框，则将模糊应用于所有可见图层，否则只应用于当前图层。

使用模糊工具不仅可以虚化图像效果，还可以修复图像中的杂点或折痕。它是通过降低图像相邻像素之间的反差，使锐利的图像边界变得柔和，颜色过渡变得平缓，从而达到模糊局部图像的效果。图3-29和图3-30所示为进行模糊操作前后的对比效果。

图3-29　　　　　　　　　　　　图3-30

3.5.2　锐化工具

锐化工具的工具选项栏如图3-31所示。其中，"强度"值用于控制锐化的程度，而其他选项的含义与模糊工具相同。

图3-31

锐化工具与模糊工具的使用效果正好相反，它是通过增强图像相邻像素之间的反差，使图像的边界变得明显。对树叶进行锐化操作前后的对比效果如图3-32和图3-33所示。

图3-32　　　　　　　　　　　　图3-33

3.5.3 涂抹工具

涂抹工具可用于模拟在颜色未干的绘画纸上拖动手指留下的痕迹，也可用于修复有缺憾的图像边缘。如果图像中颜色与颜色之间的过渡过于生硬，可以使用涂抹工具进行涂抹，使过渡变得柔和。涂抹工具常常与路径结合使用，如果用于沿路径描边，可制作出手绘效果，如图3-34和图3-35所示。

图3-34　　　　　　　　　　图3-35

> 提示：在涂抹工具的工具选项栏（如图3-36所示）中，若选中"手指绘画"复选框，则在拖动鼠标指针时，涂抹工具使用前景色与图像中的颜色相融合，否则使用鼠标指针起始位置处的图像颜色进行涂抹。

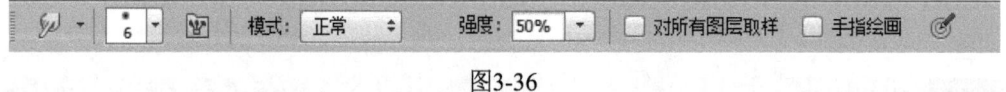

图3-36

3.6　减淡、加深、海绵工具的应用

使用减淡、加深、海绵等工具可以润饰图像，改善图像的色调及色彩的饱和度，使调整后的图像效果更出色。

3.6.1 减淡工具

使用减淡工具可以提亮图像的某一部分，从而达到突出表现的目的。减淡工具的工具选项栏如图3-37所示。

图3-37

其中，主要选项的含义如下。
- 范围：用于选择图像中需要修改的色调范围。其中，"阴影"表示图像中的暗色部分，如阴影区域等；"中间调"表示图像中的中间色调区域，即介于阴影和高光之间的色调区域；"高光"表示图像中的高亮区域。

- 曝光度：用于控制图像减淡的程度。该数值越大，减淡的效果越明显。

减淡工具的使用方法是：选择减淡工具并设置其工具选项栏参数，按住鼠标左键在图像中拖动鼠标指针。减淡前后的效果对比如图3-38和图3-39所示。

图3-38

图3-39

3.6.2 加深工具

加深工具和减淡工具的使用方法完全相同，其工具选项栏也很相似。图3-40所示为加深工具的工具选项栏。

图3-40

减淡工具和加深工具都可以用于调整图像的色调，分别通过增加和减少图像的曝光度来使图像变亮或变暗，其功能与"亮度/对比度"命令相似。图3-41和图3-42所示为调整水墨画色调深浅前后的对比效果。

图3-41

图3-42

加深工具的工具选项栏中主要选项的含义如下。

- 范围：用于确定对图像进行加深操作时的选取范围。其中，"阴影"表示加深的范围只限于图像的暗部；"中间调"表示加深的范围只限于图像的灰色调；"高光"表示加深的范围只限于图像的亮部。
- 曝光度：用来控制图像加深的程度。该数值越大，加深的效果越明显。
- 保护色调：对图像进行加深操作时，可以对图像中存在的颜色进行保护。

3.6.3 海绵工具

海绵工具用于改变图像局部的色彩饱和度，因此，对于黑白图像的处理效果很不明显。海绵工具的工具选项栏如图3-43所示。

图3-43

"模式"参数用于选择改变饱和度的方式，其中包括"降低饱和度"和"饱和"两种。在改变饱和度的过程中，"流量"的数值越大，效果越明显。图3-44所示为使用海绵工具并设置"模式"为"饱和"、"流量"为80%时对图像进行处理前后的对比效果。

图3-44

> 提示：海绵工具不会造成像素的重新分布，因此，"降低饱和度"和"饱和"两种方式可以互补使用。过度降低色彩饱和度后，可以切换到"饱和"方式增加色彩饱和度，但是无法为已经完全成为灰度的像素添加色彩。

3.7 历史记录工具组的应用

Photoshop CS6包括两种历史记录画笔工具，即历史记录画笔工具和历史记录艺术画笔工具。这两种工具均可以根据"历史记录"面板中拍摄的快照或历史记录的内容涂绘出以前暂时保存的图像。

3.7.1 历史记录画笔工具

历史记录画笔工具的主要功能是恢复图像，其工具选项栏如图3-45所示。它与画笔工具的工具选项栏相似，该工具选项栏也可用于设置画笔的样式、模式及不透明度等。

图3-45

历史记录画笔工具的使用方法是：选择历史记录画笔工具，在工具选项栏中设置参数,按住鼠标左键在需要恢复的区域上进行涂抹,涂抹过的位置即可恢复原先的图像效果。原图以及涂抹前后的效果分别如图3-46、图3-47和图3-48所示。

　　图3-46　　　　　　　　　图3-47　　　　　　　　　图3-48

3.7.2 历史记录艺术画笔工具

　　历史记录艺术画笔工具的工具选项栏如图3-49所示,其功能和操作方法都与历史记录画笔工具相似。

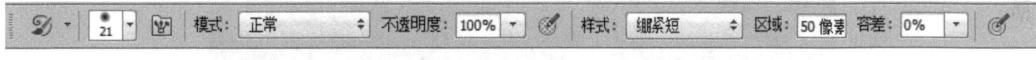

图3-49

其中,主要选项的含义如下。
- 样式:用于设置控制绘画描边的形状,在其下拉列表框中可以选择的笔尖样式包括"绷紧短""绷紧中""绷紧长""松散中等""松散长""轻涂""绷紧卷曲""绷紧卷曲长""松散卷曲""松散卷曲长"。
- 区域:用于调整历史记录艺术画笔所影响的范围。数值越大,影响的范围就越大。

需要说明的是,历史记录画笔工具可以将图像恢复到指定的某一步操作时的状态,而历史记录艺术画笔工具可以将图像按照指定的历史状态转换成手绘效果。图3-50所示为使用历史记录画笔工具恢复图像的效果,图3-51所示为使用历史记录艺术画笔工具恢复同一幅图像的效果。

　　　图3-50　　　　　　　　　　　　　　图3-51

Ⅱ. 试题汇编

3.1 第1题

【操作要求】

调整局部照片色彩使其变成彩色照片,最终效果如图X3-01所示。

图X3-01

打开素材文件C:\2020PSCS6\Unit3\Y3-01.jpg,如图Y3-01所示。

1. **图像编辑**:复制"背景"图层,得到"背景 副本"图层。
2. **色彩调整**:使用"可选颜色"命令进行中性色调整。
3. **效果修饰**:使用"色相/饱和度"命令调整照片效果。

将最终效果以X3-01.psd为文件名保存在考生文件夹中。

图Y3-01

3.2 第2题

【操作要求】

匹配花朵颜色，将白色花朵调成黄色，最终效果如图X3-02所示。

图X3-02

打开素材文件C:\2020PSCS6\Unit3\Y3-02-a.jpg和Y3-02-b.png，如图Y3-02-a和图Y3-02-b所示。

1．**图像编辑**：将素材Y3-02-a的颜色模式转换为RGB颜色模式。使用魔棒工具将白色菊花从背景中选出并粘贴到新建图层。

2．**色彩调整**：使用"匹配颜色"命令将白色菊花的颜色调整为黄色。

3．**效果修饰**：使用"色相/饱和度"命令调整图像饱和度。

将最终效果以X3-02.psd为文件名保存在考生文件夹中。

图Y3-02-a

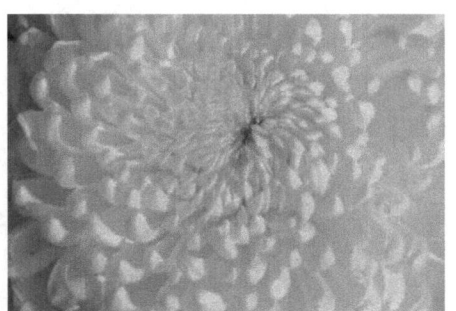

图Y3-02-b

3.3 第3题

【操作要求】

将照片处理成夜景效果,最终效果如图X3-03所示。

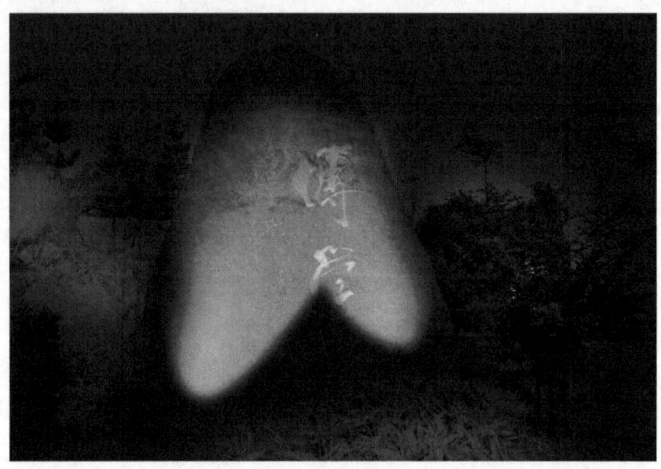

图X3-03

打开素材文件C:\2020PSCS6\Unit3\Y3-03.jpg,如图Y3-03所示。

1．**图像编辑**：复制"背景"图层,得到"背景 副本"图层。使用合适的工具选取灯光照射的部分区域。

2．**色彩调整**：使用"色相/饱和度"命令,将该区域的色彩调整成绿色,使其呈夜景效果。

3．**效果修饰**：使用"色相/饱和度"命令,调暗"背景 副本"图层。使用减淡工具提亮局部位置的灯光效果。

将最终效果以X3-03.psd为文件名保存在考生文件夹中。

图Y3-03

3.4 第4题

【操作要求】

合成图片，最终效果如图X3-04所示。

图X3-04

打开素材文件C:\2020PSCS6\Unit3\Y3-04-a.jpg和Y3-04-b.jpg，如图Y3-04-a和图Y3-04-b所示，将素材Y3-04-b置入到素材Y3-04-a（得到"图层1"）。

1．**图像编辑**：使用合适的工具删除"图层1"的部分区域，使"背景"图层中人物的上半身露出来。

2．**色彩调整**：使用"色相/饱和度"命令，将"图层1"中图像的色调和素材Y3-04-a的色调调整为一致。

3．**效果修饰**：使用橡皮擦工具处理"图层1"的边缘细节。

将最终效果以X3-04.psd为文件名保存在考生文件夹中。

图Y3-04-a　　　　　　　　　　　图Y3-04-b

3.5 第5题

【操作要求】

使用"替换颜色"命令调整花朵颜色,最终效果如图X3-05所示。

图X3-05

打开素材文件C:\2020PSCS6\Unit3\Y3-05.jpg,如图Y3-05所示。

1．**图像编辑**：复制"背景"图层,得到"背景 副本"图层。

2．**色彩调整**：使用颜色(色相：121,饱和度：11,明度：0)替换原来的蓝色,使蓝色花朵变成红色花朵。

3．**效果修饰**：使用"替换颜色"命令中的存储功能,将当前设置存储为后缀为AXT的文件。

将最终效果以X3-05.psd和X3-05.axt为文件名保存在考生文件夹中。

图Y3-05

Ⅲ. 试题解答

3.1 第1题解答

（1）打开素材文件C:\2020PSCS6\Unit3\Y3-01.jpg，如图3-52所示。

图3-52

（2）选择"背景"图层，按Ctrl+J组合键，复制图层，得到"背景 副本"图层。

（3）执行"图像"→"调整" →"可选颜色"命令，弹出"可选颜色"对话框，设置"颜色"为"中性色"，增加"青色"和"黄色"的百分比，参数设置如图3-53所示。

图3-53

（4）执行"图像"→"调整" →"色相/饱和度"命令，增强饱和度，参数设置如图3-54所示，最终效果如图3-55所示。

图3-54

图3-55

（5）将最终效果以X3-01.psd为文件名保存在考生文件夹中。

3.2 第2题解答

（1）打开素材文件C:\2020PSCS6\Unit3\Y3-02-a.jpg和Y3-02-b.png，如图3-56所示。

 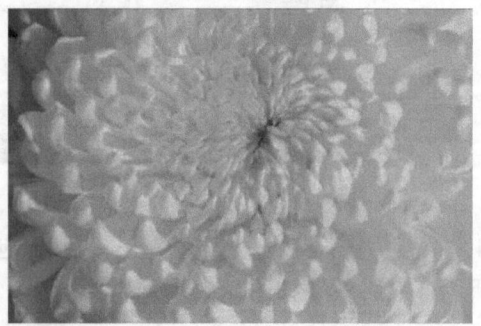

图3-56

（2）选择素材文件Y3-02-a.jpg，执行"图像"→"模式"→"RGB颜色"命令，将其颜色模式修改为RGB颜色模式。

（3）选择魔棒工具，单击素材文件Y3-02-a.jpg的空白区域，然后按Shift+Ctrl+I组合键反选，再按Ctrl+J组合键，复制得到新图层，如图3-57所示。

（4）执行"图像"→"调整"→"匹配颜色"命令，弹出"匹配颜色"对话框，在"源"下拉列表框中选择"Y3-02-b.png"选项，参数设置如图3-58所示。

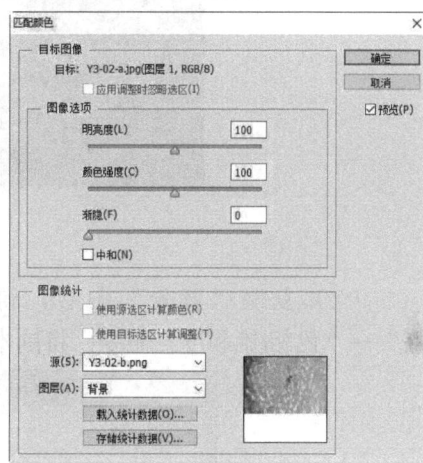

图3-57　　　　　　　　　　　　　　图3-58

（5）执行"图像"→"调整"→"色相/饱和度"命令，调整照片效果，参数设置如图3-59所示，最终效果如图3-60所示。

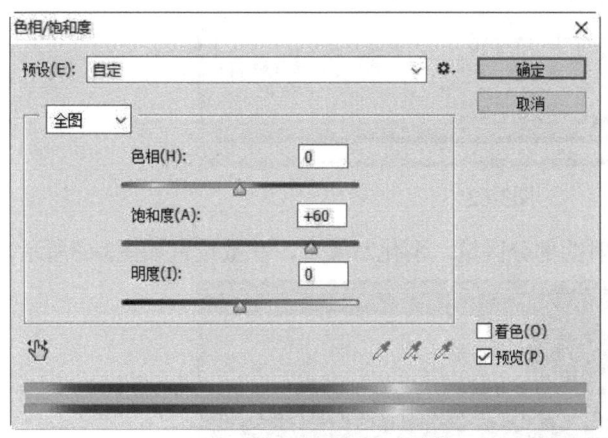

图3-59　　　　　　　　　　　　　　图3-60

（6）将最终效果以X3-02.psd为文件名保存在考生文件夹中。

3.3　第3题解答

（1）打开素材文件C:\2020PSCS6\Unit3\Y3-03.jpg，如图3-61所示。

图3-61

（2）复制"背景"图层，得到"背景 副本"图层，执行"图像"→"调整"→"色相/饱和度"命令，将副本图层中的图像调暗，参数设置如图3-62所示。

图3-62

（3）使用套索工具选取灯光照射的部分区域，羽化25像素，参数设置如图3-63所示。

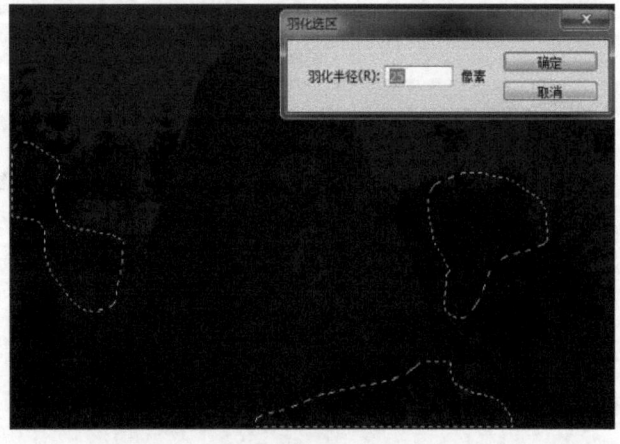

图3-63

（4）执行"图像"→"调整"→"曲线"命令，调亮所选区域，参数设置如图3-64所示，然后使用减淡工具适当提亮其中部分光照区域。

（5）使用套索工具选取石头上灯光照射的部分区域，羽化3像素，参数设置如图3-65所示。复制所选区域到新建图层"背景 副本2"中。执行"图像"→"调整"→"曲线"命令，调亮复制的图像内容。执行"图像"→"调整"→"色相/饱和度"命令，将其颜色调整成绿色，再使用减淡工具提亮其下面的区域，使其呈现夜景灯光效果，效果如图3-66所示。

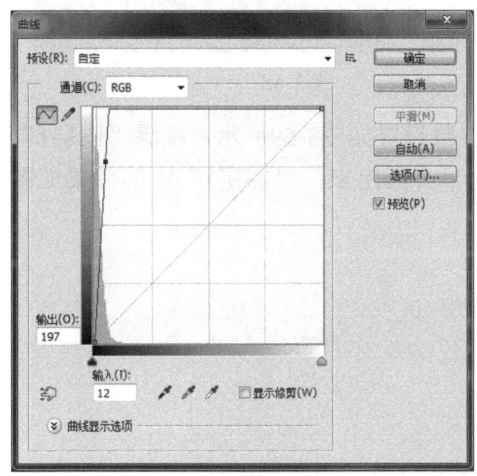

图3-64

图3-65

图3-66

（6）将最终效果以X3-03.psd为文件名保存在考生文件夹中。

3.4　第4题解答

（1）打开素材文件C:\2020PSCS6\Unit3\Y3-04-a.jpg和Y3-04-b.jpg，如图3-67和图3-68所示。将素材文件Y3-04-b.jpg中的图像置入素材文件Y3-04-a.jpg，生成"图层1"。

图3-67

图3-68

（2）使用橡皮擦工具（大小为30像素），参数设置如图3-69所示，擦除"图层1"中的部分图像内容，使"背景"图层中人物的上半身露出来，"图层1"中的效果如图3-70所示。

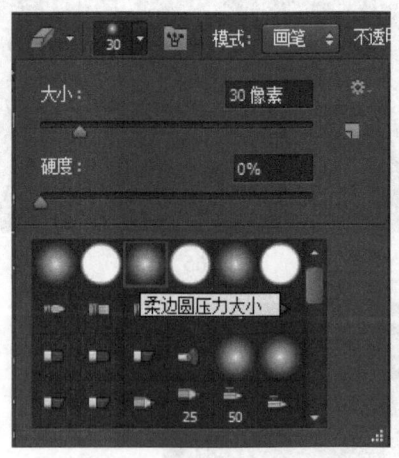
图3-69

图3-70

（3）执行"图像"→"调整"→"色相/饱和度"命令，将"图层1"中图像的色调与素材文件Y3-04-a.jpg中图像的色调调整为一致。

（4）使用橡皮擦工具处理"图层1"中图像的边缘细节，最终效果如图3-71所示。

图3-71

（5）将最终效果以X3-04.psd为文件名保存在考生文件夹中。

3.5　第5题解答

（1）打开素材文件C:\2020PSCS6\Unit3\Y3-05.jpg，如图3-72所示。

图3-72

（2）复制"背景"图层，得到"背景 副本"图层，如图3-73所示。

（3）执行"图像"→"调整"→"替换颜色"命令，单击"添加到取样"吸管按钮，设置"替换"选项区中的数值（色相：121，饱和度：11，明度：0），如图3-74所示。

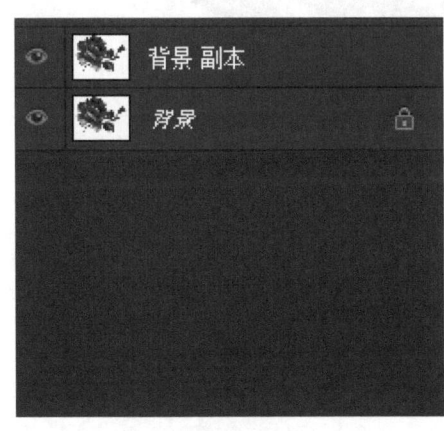

图3-73　　　　　　　　　　　图3-74

（4）依次单击"背景 副本"图层中花朵的蓝色区域，完成颜色的替换。注意，在替换过程中切勿关闭"替换颜色"对话框。

（5）完成颜色的替换后，单击"替换颜色"对话框中的"存储"按钮，将当前设置以X3-05.axt为文件名保存到考生文件夹中，如图3-75所示。最终效果如图3-76所示。

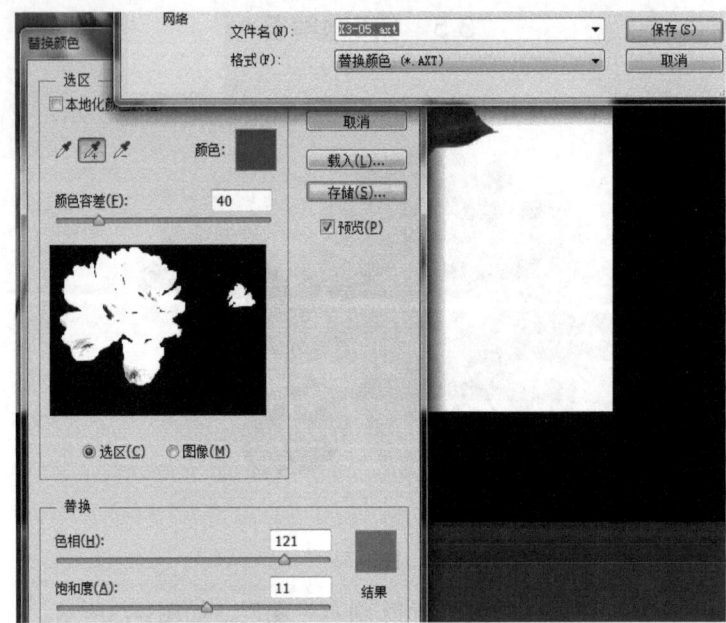

图3-75

图3-76

（6）将最终效果以X3-05.psd为文件名保存在考生文件夹中。

第4章 图层应用

Ⅰ. 知识讲解

知识要点
- 掌握新建、复制、删除图层等基本操作。
- 掌握图层常规混合和高级混合的操作。
- 掌握图层样式的应用。

评分细则

本章有3个评分点,每题12分。

评 分 点	分 值	得分条件	判分要求
建立图层	4	按照要求正确建立图层	"图层"面板保留相应图层
图层编辑	4	按照要求使用样式或变换	效果不符合要求不给分
效果修饰	4	达到修饰效果	允许一定的创意发挥

4.1 图层概述

图层是Photoshop中非常重要的概念,是进行平面设计的创作平台。利用图层,可以将不同的图像放在不同的图层中进行独立的操作,而它们之间互不影响。为了保证能够创作出最佳的图像作品,应熟悉并掌握图层的应用。

4.1.1 图层的类型

在Photoshop CS6中,常见的图层类型包括背景图层、普通图层、文字图层、蒙版图层、形状图层及调整图层等,如图4-1所示。

1. 背景图层

背景图层即叠放于各图层最下方的一种特殊的不透明图层,以背景色为底色。用户可以在背景图层中自由涂画和应用滤镜,但不能移动图层的位置和改变图层的叠放顺序,也不能更改其不透明度和混合模式。使用橡皮擦工具擦除背景图层时会得到背景色。

2. 普通图层

普通图层即最普通的一种图层,在Photoshop中显示为透明。用户可以根据需要在普通图层中随意添加与编辑图像。执行"图层"→"新建"→"图层"命令或按Ctrl+Shift+N组合键,即可创建一个普通图层。大多数工具箱中的工具和菜单中的图像编辑命令都可以在普通图层中使用。在隐藏背景图层的情况下，图层的透明区域显示为灰白方格。

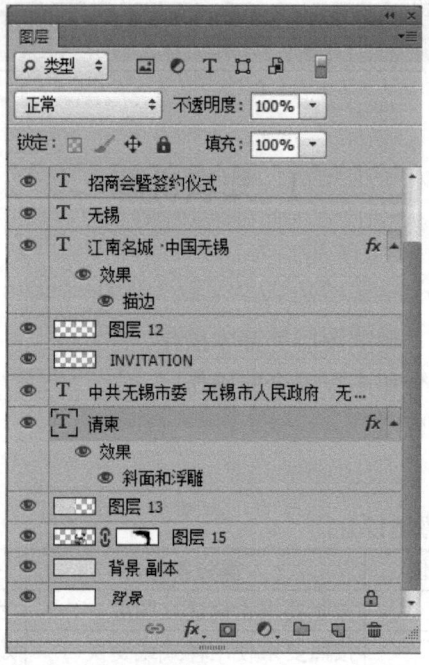

图4-1

> 提示：在图像作品中可以没有背景图层，若有也只能有一个。一般不直接对背景图层进行编辑，当需要编辑时可以将其转换为普通图层，也可以将普通图层转换为背景图层。

将背景图层转换为普通图层的操作方法为：双击背景图层或执行"图层"→"新建"→"背景图层"命令，打开"新建图层"对话框，如图4-2所示，进行参数设置后，单击"确定"按钮。

将普通图层转换为背景图层的操作方法为：选中该图层，然后单击"图层"→"新建"→"图层背景"命令，即可将所选图层转换为背景图层。

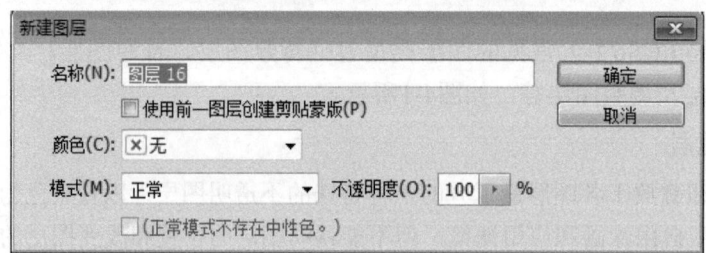

图4-2

3. 文字图层

文字图层主要用于输入文本内容，当选择文字工具并在图像中输入文字时，系统将会自动创建一个文字图层。若要对其进行效果处理，应先执行"栅格化"命令，并将其转换为普通图层。

4. 蒙版图层

蒙版是图像合成的重要手段，蒙版图层中的黑、白和灰色像素控制着图层中相应位置图像的透明程度。其中，白色表示完全不透明的区域，黑色表示完全透明的区域，灰色表示半透明区域。此类图层缩览图的右侧会显示一个黑白的蒙版图像。

5. 形状图层

在使用形状工具创建图形时，系统会自动建立一个形状图层。形状图层具有可以反复修改和编辑的特性。

6. 调整图层

调整图层主要用于调整其下方图层中图像的色调、色彩等。调整图层的引入，使对图像的色调、色彩进行反复修改成为可能，并可以恢复图像到调整前的状态。

> 提示：单击"图层"面板底部的"创建新的填充或调整图层"按钮，弹出快捷菜单，选择其中的一项（如"色彩平衡"）即可打开"调整"面板，对图像进行色调与色彩的调整。

4.1.2 "图层"面板

在Photoshop CS6中，对图层进行的所有操作几乎都可以在"图层"面板中完成，因此，"图层"面板是图层的控制中心。

执行"窗口"→"图层"命令或直接按F7键，即可打开"图层"面板，如图4-3所示。

图4-3

其中，主要选项的含义如下。

- 设置图层的混合模式：该下拉列表框用于设置当前图层的混合模式。

- 不透明度：用于设置当前图层的不透明度。数值越小，图层越透明。
- 锁定：用于对图层进行不同的锁定，包括"锁定透明像素""锁定图像像素""锁定位置""锁定全部"。图层被锁定后，将显示完全锁定图标🔒或部分锁定图标🔒。
- 填充：设置图层的内部不透明度，即在图层中绘图时笔画的不透明度。
- "指示图层可见性"图标👁：用于控制图层的显示或隐藏。当该图标显示为👁时，表示图层处于显示状态；当该图标显示为▢时，表示图层处于隐藏状态。单击该图标，可以在显示和隐藏状态之间切换。不能编辑处于隐藏状态的图层。
- "链接"图标🔗：用于表示图层与图层之间具有链接关系，当对其中一个图层执行变换操作时，将会影响到其链接图层。链接图层的目的是便于同时移动、复制多个图层中的图像，合并、排列和分布图层，以及对各图层中的图像进行统一变形。
- 🔗 fx. ◻ ◉ ▢ ▢ 🗑 按钮组：面板底部有7个按钮，分别用于完成相对应的图层操作，从左到右依次为链接图层、添加图层样式、添加图层蒙版、创建新的填充或调整图层、创建新组、创建新图层和删除图层。
- 当前图层：即当前正在编辑的图层，以加色显示。在"图层"面板中单击某个图层的名称，该图层即成为当前图层；按住Ctrl键单击多个图层的名称，这些图层都将被选中，成为当前图层。

4.2 图层的基本操作

在Photoshop CS6中，图层的操作包括新建、复制、删除、合并、重命名、锁定/解锁，以及图层的对齐与分布等。

4.2.1 新建图层

在当前图像中绘制新的对象时，通常需要创建新的图层。方法是：执行"图层"→"新建"→"图层"命令，打开"新建图层"对话框，如图4-4所示；也可以在"图层"面板中单击"创建新图层"按钮，在当前图层的上方新建一个图层，新建的图层会自动成为当前图层。

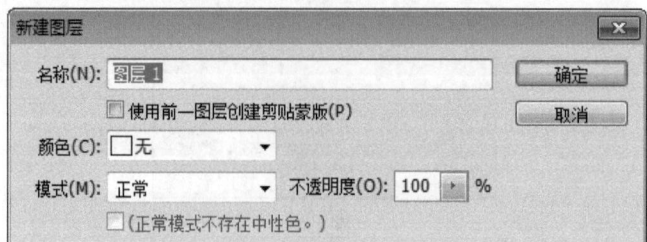

图4-4

4.2.2 复制图层

在绘制图像时，如果需要两个或两个以上的同一对象，可以通过复制该对象所在的图层来实现。具体方法是：在"图层"面板中选择相应的图层，右击，在弹出的快捷菜单中选择"复制图层"命令，在打开的"复制图层"对话框中为复制的图层进行重命名，并在"文档"下拉列表框中选择复制图层的目标文档，如图4-5所示，单击"确定"按钮。

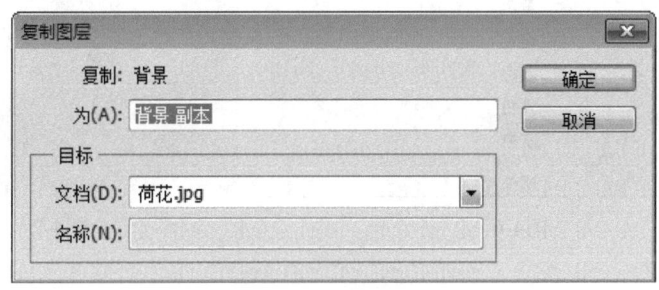

图4-5

4.2.3 删除图层

为了减少图像文件占用的磁盘空间，在编辑图像时通常会将不再使用的图层删除。方法是：右击需要删除的图层，在弹出的快捷菜单中选择"删除图层"命令；也可以选中要删除的图层，单击"图层"面板右下方的"删除图层"按钮 。

4.2.4 合并图层

"合并图层"是指将多个图层合并为一个图层。图像中的图层越多，文件占用的磁盘空间就越大，因此，需要将一些图层合并起来以节省磁盘空间，同时还可以提高操作速度。

1. 合并图层

当需要合并两个或多个图层时，在"图层"面板中选中要合并的图层，执行"图层"→"合并图层"命令，或单击"图层"面板右上角的下拉按钮 ，在弹出的菜单中选择"合并图层"命令，即可合并图层。

2. 合并可见图层

当需要将所有可见图层合并为一个图层时，执行"图层"→"合并可见图层"命令，合并后的图层以合并前选择的图层名称命名。

3. 向下合并图层

当需要将一个图层与其下方的图层合并时，选择该图层，执行"图层"→"向下合并"命令，合并后的图层以下方图层的名称命名，如图4-6和图4-7所示。

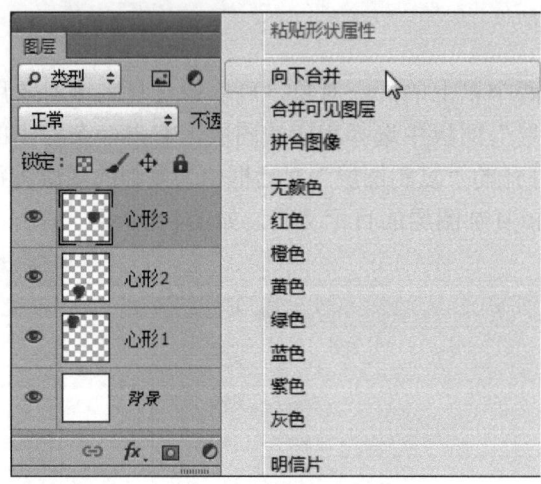 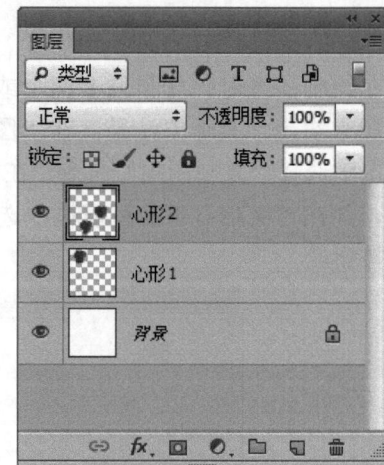

图4-6　　　　　　　　　　　　　图4-7

> 提示：执行"图层"→"拼合图像"命令，Photoshop会将所有处于显示状态的图层合并到背景图层中。若有隐藏的图层，则会弹出提示对话框，询问是否要扔掉隐藏的图层。

4.2.5　重命名图层

重命名图层的操作非常简单，既可以通过菜单命令实现，也可以通过"图层"面板实现。方法是：在"图层"面板中选择相应的图层，双击其名称即可进行重命名操作；或者右击图层，在弹出的快捷菜单中选择"图层属性"命令，打开"图层属性"对话框，在其中也可以实现重命名操作。

4.2.6　锁定/解锁图层

锁定图层主要用于限制图层编辑的内容和范围，以避免误操作。单击"图层"面板中任一锁定按钮，即可实现相应的图层锁定功能。

其中，各按钮的功能介绍如下。

- 锁定透明像素图：锁定图层或图层组中的透明区域。当使用绘图工具绘图时，将只对图层的非透明区域（即有图像像素的部分）有效。
- 锁定图像像素图：锁定图层或图层组中有像素的区域。单击此按钮，使用任何绘图、编辑工具和命令都不能在图层中进行操作。选择绘图工具后，鼠标指针将显示为禁止编辑形状 ⊘。
- 锁定位置图：锁定像素的位置。单击此按钮，将不能对图层执行移动、旋转和自由变换等操作，但可以绘图和编辑。
- 锁定全部图：完全锁定图层，不能对图层进行任何操作。

锁定单个图层的方法为：选中需要锁定的图层，单击相应的锁定按钮。再次单击锁定按钮，即可解锁图层。

4.2.7 图层的对齐与分布

在图像编辑过程中，常常需要将多个图层进行对齐或分布排列。其中，对齐是指以当前图层或选区为基础，在相应方向上对齐；而分布则是指在相应方向上均匀排列图层。对图4-8所示的图形执行垂直居中对齐操作，效果如图4-9所示。分布图层的操作与对齐图层类似，此处不再赘述。

图4-8

图4-9

- 顶对齐：将选定图层中的顶端像素与所有选定图层中的最顶端像素对齐，或选区边缘对齐。
- 垂直居中对齐：将选定图层中的垂直中心像素与所有选定图层中的垂直中心像素对齐。
- 底对齐：将选定图层中的底端像素与所有选定图层中的最底端像素对齐。
- 左对齐：将选定图层中的左端像素与所有选定图层中的最左端像素对齐。
- 水平居中对齐：将选定图层中的水平中心像素与所有选定图层中的水平中心像素对齐。
- 右对齐：将选定图层中的右端像素与所有选定图层中的最右端像素对齐。

4.3 图层的高级操作

在Photoshop CS6中，除了对图层进行一些基本操作外，还可以对其进行一些更详细的设置操作，如设置图层混合模式、应用图层样式等。

4.3.1 图层的常规混合

常见的图层混合操作包括混合模式的设置和不透明度的设置。

1. 混合模式的设置

在"图层"面板中，可以很方便地设置各图层的混合模式。在Photoshop CS6中，图层混合模式多达27种，选择不同的混合模式将会得到不同的效果，如图4-10所示。

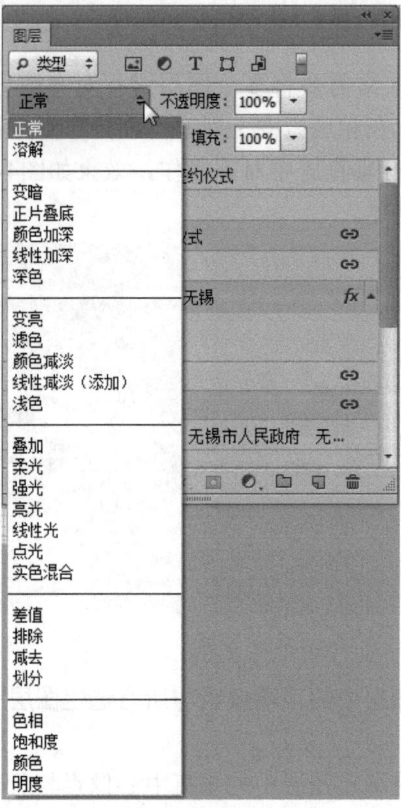

图4-10

混合模式的设置主要用于控制图层与图层之间像素颜色的相互作用。图层混合模式的设置效果及其功能如下。

- 正常：该模式为默认的混合模式，使用此模式时，图层之间不会发生相互作用，如图4-11所示。
- 溶解：在图层完全不透明的情况下，溶解模式与正常模式所得到的效果是相同的。若降低图层的不透明度，图层像素不是逐渐透明化，而是某些像素透明，某些像素则完全不透明，从而得到颗粒化效果。不透明度越低，消失的像素就越多，如图4-12所示（针对图中的"蝴蝶"图层，下同）。

图4-11　　　　　　　　　　　图4-12

- 变暗：应用该模式将会产生新的颜色，即对上、下两个图层相对应像素的颜色值进行比较,取较小值得到自己各个通道的值,因此,叠加后的图像效果整体变暗,如图4-13所示。

- 正片叠底:该模式可用于添加阴影和细节,但不会完全消除下方图层阴影区域的颜色。其中,任何颜色与黑色混合仍为黑色,与白色混合没有变化。该模式的计算方法是将两个图层的颜色值相乘,然后除以255,所得到的结果就是最终效果,因此,总是得到较暗的颜色,如图4-14所示。
- 颜色加深:该模式主要用于创建非常暗的阴影效果。使用该模式进行混合时,软件将查看每个颜色通道的颜色信息,通过增加对比度,从而加深图像的颜色,如图4-15所示。

图4-13

图4-14

图4-15

- 线性加深:应用该模式时,软件会查看每一个颜色通道的颜色信息,加暗所有通道的基色,并通过提高其他颜色的亮度来反映混合颜色,与白色混合时没有变化,如图4-16所示。
- 深色:应用该模式时,软件会比较混合色和基色的所有通道值的总和,并显示值较小的颜色。由于它是从基色和混合色中选择最小的通道值来创建结果颜色,因此,该模式的应用不会产生第3种颜色,如图4-17所示。
- 变亮:此模式与变暗模式相反,混合结果为图层中较亮的颜色,如图4-18所示。

图4-16

图4-17

图4-18

- 滤色:应用该模式可以将上方图层中像素的互补色与底色相乘,因此,结果颜色比原有颜色更浅,具有漂白的效果,如图4-19所示。
- 颜色减淡:应用该模式可以生成非常亮的合成效果。但是与黑色像素混合时无变化。该模式的计算方法是查看每个颜色通道的颜色信息,通过增加其对比度而使颜色变亮,如图4-20所示。
- 线性减淡(添加):应用该模式时,软件会查看每个颜色通道的颜色信息,通过降低其亮度来使颜色变亮,但与黑色混合时无变化,如图4-21所示。

图4-19　　　　　　　　　图4-20　　　　　　　　　图4-21

- 浅色：该模式的应用与"深色"模式的应用效果正好相反，如图4-22所示。
- 叠加：应用该模式可以对各图层中的颜色进行叠加，保留底色的高光和阴影部分，底色不被取代，而是和上方图层混合来体现原图的亮部和暗部，如图4-23所示。
- 柔光：应用该模式时，软件会根据上方图层中颜色的明暗程度决定最终的效果是变亮还是变暗。当上方图层中的颜色比50%灰色亮时，图像变亮，相当于减淡；当上方图层中的颜色比50%灰色暗时，图像变暗，相当于加深，如图4-24所示。

图4-22　　　　　　　　　图4-23　　　　　　　　　图4-24

- 强光：该模式的应用效果与"柔光"模式类似，但其加亮与变暗的程度比"柔光"模式显著，如图4-25所示。
- 亮光：应用该模式可以通过增加或降低对比度来加深和减淡颜色。如果上方图层中的颜色比50%的灰色亮，则通过降低对比度来减淡图像，反之加深图像，如图4-26所示。
- 线性光：应用该模式可以根据上方图层中的颜色通过增加或降低亮度来加深或减淡颜色。若上方图层中的颜色比50%灰色亮，则图像变亮，反之图像变暗，如图4-27所示。

图4-25　　　　　　　　　图4-26　　　　　　　　　图4-27

- 点光：应用该模式可以根据颜色的亮度，决定上方图层中的颜色是否替换下方图层中的颜色。若上方图层中的颜色比50%灰色亮，则上方图层中的颜色被下方图层中的颜色替换，否则保持不变，如图4-28所示。
- 实色混合：应用该模式可以使两个图层叠加后具有明显的硬性边缘，如图4-29所示。
- 差值：应用该模式可以使上方图层中颜色的亮度值与底色的亮度值互减，取值时以较高的亮度值减去较低的亮度值，较暗的像素被较亮的像素取代，而较亮的像素不变，如图4-30所示。

　　图4-28　　　　　　　　　图4-29　　　　　　　　　图4-30

- 排除：该模式的应用效果与"差值"模式类似，但图像效果会更加柔和，如图4-31所示。
- 减去：应用该模式可以将当前图层中颜色的值与下方图层中颜色的值相减，相减结果即混合结果。在8位和16位的图像中，如果颜色值相减的结果是负值，则颜色值为0，如图4-32所示。
- 划分：应用该模式可以将上方图层中的颜色以下方图层中的颜色为基准进行划分，产生的效果即混合结果，如图4-33所示。

　　图4-31　　　　　　　　　图4-32　　　　　　　　　图4-33

- 色相：应用该模式可以将底色的亮度、饱和度与上方图层中颜色的色相相混合作为结果色。结果色的亮度及饱和度与底色相同，但色相则由上方图层中的颜色决定，如图4-34所示。
- 饱和度：应用该模式可以将底色的亮度、色相与上方图层中颜色的饱和度相混合作为结果色。结果色的色相及亮度与底色相同，但饱和度由上方图层中颜色的饱和度决定。若上方图层中颜色的饱和度为0，则原图没有变化，如图4-35所示。

图4-34　　　　　　　　　　图4-35

- 颜色：应用该模式可以将底色的亮度与上方图层中颜色的色相和饱和度相混合作为结果色。结果色的亮度与底色相同，色相和饱和度由上方图层中的颜色决定，如图4-36所示。
- 明度：应用该模式可以将底色的色相和饱和度与上方图层中颜色的亮度相混合作为结果色。此模式与"颜色"模式相反，即其色相和饱和度由底色决定，如图4-37所示。

图4-36　　　　　　　　　　图4-37

2. 不透明度的设置

在默认状态下，图层的不透明度为100%，即完全不透明。如果降低图层的不透明度（如图4-38所示），就可以透过该图层看到其下方图层中的图像，如图4-39所示。

图4-38　　　　　　　　　　图4-39

> 提示：在"图层"面板中，"不透明度"和"填充"都可用于设置图层的不透明度，但其作用范围是有区别的。"填充"只用于设置图层的内部填充颜色，对添加到图层的外部效果（如投影）不起作用。

4.3.2 图层的高级混合

在Photoshop中，图层之间除了可以直接在"图层"面板中设置混合模式外，还可以在打开的相应对话框中进行高级混合选项的设置。方法是：单击"图层"面板底部的"添加图层样式"按钮 fx.，在弹出的下拉菜单中选择"混合选项"命令，打开"图层样式"对话框，如图4-40所示。

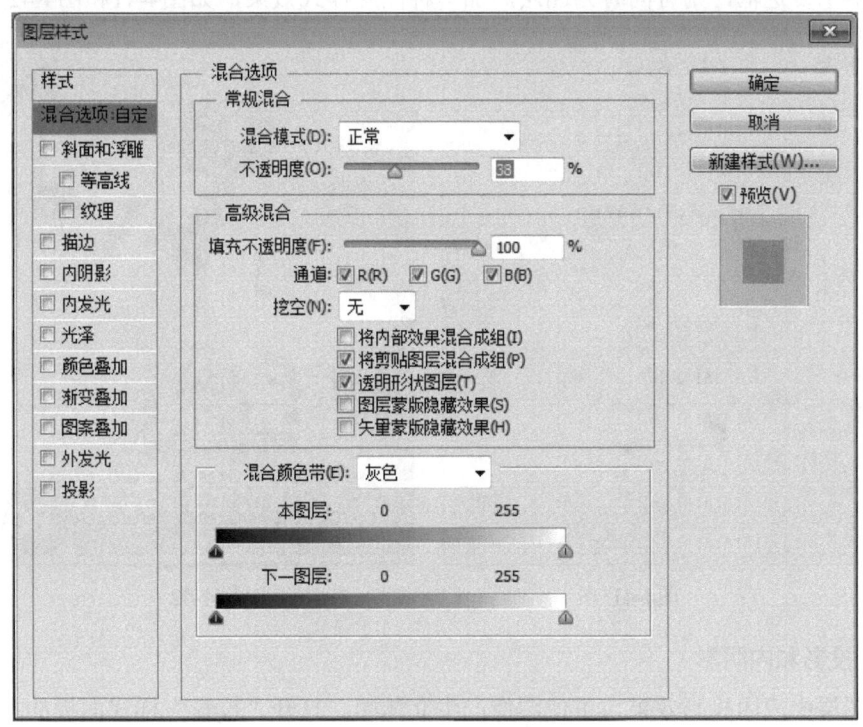

图4-40

在"高级混合"选项区中可以进行相应的设置，主要选项的含义如下。

- **将内部效果混合成组(I)**：选中该复选框，可以控制添加"内发光""光泽""颜色叠加""图案叠加""渐变叠加"图层样式的图层的挖空效果。
- **将剪贴图层混合成组(P)**：选中该复选框，可以将基底图层的混合模式应用于剪贴蒙版中的所有图层。
- **透明形状图层(T)**：当添加图层样式的图层中有透明区域时，若选中该复选框，可将图层效果和挖空限制在图层的不透明区域。
- **图层蒙版隐藏效果(S)**：当添加图层样式的图层中有图层蒙版时，若选中该复选框，可将图层效果限制在图层蒙版所定义的区域。
- **矢量蒙版隐藏效果(H)**：当添加图层样式的图层中有矢量蒙版时，若选中该复选框,可将图层效果限制在矢量蒙版所定义的区域。

4.3.3 图层样式的应用

图层样式的设置与上述图层高级混合的设置类似,方法有3种。

(1)执行"图层"→"图层样式"菜单中的子命令,打开"图层样式"对话框。

(2)双击需要添加图层样式的图层,打开"图层样式"对话框。

(3)单击"图层"面板底部的"添加图层样式"按钮,在弹出的菜单中任意选择一种样式,打开"图层样式"对话框。

在该对话框中,选中左侧样式列表中的某个复选框,可进入具体的参数设置面板。若选中多个复选框,则可同时为图层添加多种图层样式效果,如图4-41和图4-42所示。

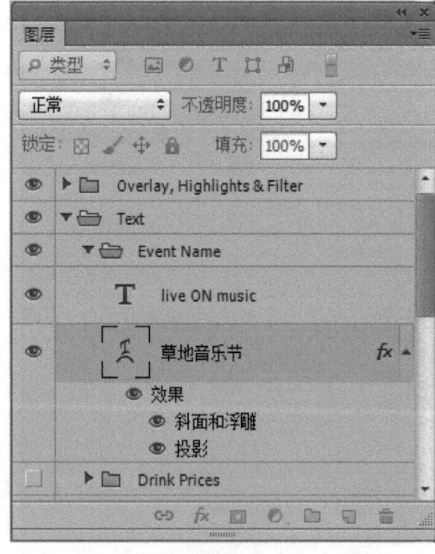 

图4-41　　　　　　　　　　图4-42

1. 投影和内阴影

在图层中应用投影效果,可使图像产生立体感。打开"投影"样式面板的方法是:在"图层样式"对话框中选中"投影"复选框,并单击该样式即可。该面板中各选项的含义如表4-1所示。

表4-1

序号	选项	意义
1	混合模式(B): 正片叠底	在"混合模式"下拉列表框中可以选择投影的混合模式。单击其右侧的颜色块,可以设置投影的颜色
2	不透明度(O): 75 %	设置投影的不透明度,取值范围为0%~100%。其中0%为全透明,100%为完全不透明
3	角度(A): 83 度 ☑使用全局光(G)	设置投影的角度,默认值为120°。若选中"使用全局光"复选框,可以指定图层所应用的所有图层样式使用相同的角度值
4	距离(D): 5 像素	输入数值或拖动滑块,设置投影效果与当前图层的相对位置

续表

序号	选 项	意 义
5	扩展(R): 0 %	输入数值或拖动滑块,设置阴影的模糊程度。数值越大,效果越模糊
6	大小(S): 5 像素	输入数值或拖动滑块,设置投影效果的影响范围。数值越大,投影范围越大
7	等高线: □消除锯齿(L)	单击"等高线"图标右侧的下拉按钮,在弹出的面板中选择投影的轮廓。如果要通过混合颜色来消除边缘锯齿效果,可选中"消除锯齿"复选框
8	杂色(N): 0 %	拖动滑块或输入数值,可以在阴影中添加一些杂色。数值越大,效果越明显

在图层中应用"内阴影"图层样式,可以为图层的边缘添加阴影,从而使图层呈现内陷的效果。"内阴影"样式面板中的选项与"投影"样式基本相同。其中,"投影"图层样式是在图层内容的背后添加阴影;"内阴影"图层样式是在图层边缘内部添加阴影,使图层呈现内陷的效果。

此外,"内阴影"样式面板中"阻塞"选项的数值越大,则阴影的边缘越明显。图4-43和图4-44所示是应用"投影"与"内阴影"图层样式前后的对比效果。

图4-43

图4-44

2. 外发光和内发光

Photoshop包括"外发光"和"内发光"两种发光样式,可以使图像的边缘产生光晕效果。其中,发光样式面板中主要选项的含义如表4-2所示。

表4-2

序号	选 项	意 义
1	○ □ ○ ▭ ▼	用于设置发光的颜色。单击颜色块对应的单选按钮,可以设置发光颜色为某种单色;单击渐变颜色条对应的单选按钮,可以设置发光颜色为渐变色
2	方法(Q): 柔和 ▼	用于设置发光效果的柔和度,其中提供了"柔和"和"精确"两个选项。"柔和"基于模糊技术创建发光,适用于所有类型的蒙版;"精确"基于距离测量技术创建发光,主要用于消除锯齿形状的硬边蒙版
3	扩展(P): 0 %	用于设置发光效果的模糊程度。数值越大,发光效果就越模糊

续表

序号	选项	意义
4	大小(S) 5 像素	用于设置发光效果范围的大小。数值越大，发光效果的范围就越大，效果也就越明显
5	范围(R) 50 %	用于设置发光效果的范围
6	抖动(J) 0 %	用于设置发光效果的随机值，即渐变颜色和不透明度随机化
7	阻塞(C) 0 %	用于设置模糊之前收缩发光的边界
8	源：○居中(E) ●边缘(G)	用于设置发光的位置。单击"居中"单选按钮，从图像的中心发光；单击"边缘"单选按钮，从图像的边缘发光

应用"外发光"和"内发光"图层样式前后的对比效果如图4-45和图4-46所示。

图4-45

图4-46

3. 斜面和浮雕

在图层中应用"斜面和浮雕"样式，可以添加不同组合方式的浮雕效果，从而增加图像的立体感。"斜面和浮雕"样式的设置面板如图4-47所示。

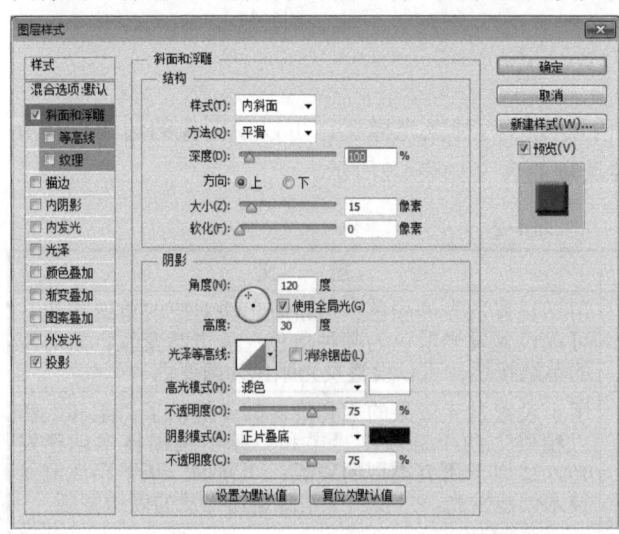
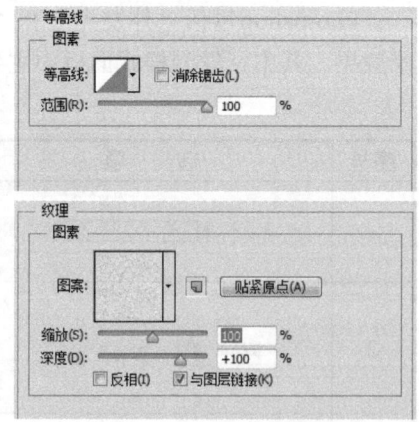

图4-47

其中，主要选项的含义如表4-3所示。

表4-3

序号	选项	意义
1	样式(T): 内斜面	用于设置斜面及浮雕的样式，其中提供了5种样式，分别为"内斜面""外斜面""浮雕效果""枕状浮雕""描边浮雕"。其中，"内斜面"用于在图像内边缘创建斜面，"外斜面"用于在图像外边缘创建斜面，"浮雕效果"使图像相对于下层图像呈现出浮雕效果，"枕状浮雕"用于创建将图像边缘压入下层图像中的效果，"描边浮雕"用于描边图像的边界
2	方法(Q): 平滑	用于设置浮雕的平滑效果，其中提供了3种方法，分别为"平滑""雕刻清晰""雕刻柔和"。"平滑"使用一种基于模糊的平滑技术，适用于所有类型的边缘；"雕刻清晰"使用距离测量技术，主要用于消除锯齿形状（如文字）的硬边；"雕刻柔和"使用修改的距离测量技术，适用于较大范围的杂边，其效果优于"平滑"
3	深度(D): 100 %	用于设置浮雕效果的深度。数值越大，浮雕效果越明显
4	方向：○上 ○下	用于设置斜面和浮雕的方向，提供了"上"和"下"两个单选按钮
5	大小(Z): 5 像素	用于设置斜面和浮雕范围的大小
6	软化(F): 0 像素	用于设置斜面和浮雕效果的柔和度
7	角度(N): 83 度 ☑使用全局光(G) 高度: 45 度	用于设置斜面和浮雕的角度，即亮部和暗部的方向。选中"使用全局光"复选框，表示同一图像中的所有图层应用相同的光照角度。"高度"用于设置亮部和暗部的高度
8	光泽等高线: □消除锯齿(L)	为图像添加类似金属光泽的效果
9	高光模式(H): 滤色 不透明度(O): 75 %	用于设置斜面和浮雕高亮区域的模式，其右侧的颜色块可以用于设置高光区域的颜色；下方的"不透明度"选项用于设置高亮区域的不透明度
10	阴影模式(A): 正片叠底 不透明度(O): 75 %	用于设置斜面和浮雕暗部区域的模式，其右侧的颜色块用于设置暗部区域的颜色；下方的"不透明度"选项用于设置暗部区域的不透明度
11	图案: 贴紧原点(A)	用于选择图案。单击"贴紧原点"按钮，可以将移动后的图案恢复到原位置
12	缩放(S): 100 %	用于设置纹理的缩放比例
13	深度(D): +100 %	用于设置纹理的深度
14	□反相(I) ☑与图层链接(K)	选中"反相"复选框，可将设置的纹理反相；选中"与图层链接"复选框，可将图案与图层链接，以实现图案与图层的统一移动与变形

应用"斜面和浮雕"图层样式前后的对比效果如图4-48和图4-49所示。

图4-48　　　　　　　　　　　　　图4-49

4. 光泽

在图层中应用"光泽"样式，可以模拟物体的内反射效果。应用"光泽"图层样式前后的对比效果如图4-50和图4-51所示。

图4-50　　　　　　　　　　　　　图4-51

> 提示：由于"光泽"样式面板中的选项与上述样式面板中选项的意义和功能类似，在此不再重复介绍。

5. 颜色叠加、渐变叠加和图案叠加

"颜色叠加""渐变叠加""图案叠加"3种样式都是在图层中填充像素。其中，"颜色叠加"是指在图层对象中填充单一颜色；"渐变叠加"是指在图层对象中填充渐变颜色；"图案叠加"是指在图层对象中填充图案。图4-52～图4-54所示分别为应用"颜色叠加""渐变叠加""图案叠加"图层样式的效果。

图4-52　　　　　　　　图4-53　　　　　　　　图4-54

6. 描边

"描边"样式的应用可以为图层添加描边效果,描边前后的对比效果如图4-55和图4-56所示。

图4-55

图4-56

Ⅱ. 试题汇编

4.1 第1题

【操作要求】

通过设置图层样式，制作如图X4-01所示的VIP卡效果。

图X4-01

新建一个宽高18厘米×12厘米、72像素/英寸分辨率、RGB颜色模式的文件。打开素材文件C:\2020PSCS6\Unit4\Y4-01.jpg，如图Y4-01所示。

1. **建立图层**：新建"图层1"，使用圆角矩形工具绘制圆角矩形选区，填充紫色背景（#de01b6）。新建"图层2"，填充线性渐变（色谱），设置图层混合模式为"饱和度"，使背景出现明暗度。

2. **图层编辑**：置入素材Y4-01，选取其中部分图片作为底图。使用文字工具输入并编辑文字（字体不限），填充黄色（#edda6a）。

3. **效果修饰**：对文字图层设置"斜面和浮雕"和"投影"图层样式。对文字"VIP"作倒影处理。

将最终效果以X4-01.psd为文件名保存在考生文件夹中。

图Y4-01

4.2 第2题

【操作要求】

通过图层样式制作玉镯,最终效果如图X4-02所示。

图X4-02

新建一个宽高500×500像素、72像素/英寸分辨率、RGB颜色模式的文件。

1. **建立图层**:新建图层,绘制一个玉镯形状的环形图案,填充任意颜色。
2. **图层编辑**:使用图层样式制作出玉镯效果。
3. **效果修饰**:调整图形的位置和大小,修改图层样式(渐变叠加)的颜色为绿色渐变,添加玉镯的投影。

将最终效果以X4-02.psd为文件名保存在考生文件夹中。

4.3 第3题

【操作要求】

通过图层的调整与混合,制作户外广告安装后的效果,最终效果如图X4-03所示。

图X4-03

打开素材文件C:\2020PSCS6\Unit4\Y4-03-a.jpg和Y4-03-b.jpg,如图Y4-03-a和图Y4-03-b所示。将素材Y4-03-a置入素材Y4-03-b(生成"图层1")。

1. **建立图层**:输入文字"创文明城市 建和谐社会"(字体为黑体)。
2. **图层编辑**:将文字图层与"图层1"合并为"图层1"。
3. **效果修饰**:将"图层1"变形调整拼在"背景"图层的广告架上。使用"曲线"命令调整光线,使图像效果更加鲜明。

将最终效果以X4-03.psd为文件名保存在考生文件夹中。

图Y4-03-a

图Y4-03-b

4.4 第4题

【操作要求】

通过图层的调整与混合，制作出如图X4-04所示的最终效果。

图X4-04

打开素材文件C:\2020PSCS6\Unit4\Y4-04-a.jpg、Y4-04-b.png和Y4-04-c.png，如图Y4-04-a、图Y4-04-b和图Y4-04-c所示。

1．**建立图层**：以素材Y4-04-b中图像所在图层为背景图层，置入素材Y4-04-a和Y4-04-c，分别生成人物图层和装饰图层。

2．**图层编辑**：参照图X4-04，调整图层顺序。

3．**效果修饰**：使用调整图像大小、裁剪、描边等方法调整图像，实现最终效果。

将最终效果以X4-04.psd为文件名保存在考生文件夹中。

图Y4-04-a　　　　　　　　图Y4-04-b　　　　　　　　图Y4-04-c

4.5 第5题

【操作要求】

通过设置图层模式，处理下雨效果，最终效果如图X4-05所示。

图X4-05

打开素材文件C:\2020PSCS6\Unit4\Y4-05-a.jpg、Y4-05-b.jpg和Y4-05-c.jpg，如图Y4-05-a、图Y4-05-b和图Y4-05-c所示。

1．建立图层：使用选区工具，将素材Y4-05-b中的城堡移入素材Y4-05-a（生成"图层1"）。使用移动工具，将素材Y4-05-c移入素材Y4-05-a（生成"图层2"）。

2．图层编辑：将"图层1"中的图像变换大小，并放至如图X4-05所示的位置。设置"图层2"的图层混合模式为"滤色"。

3．效果修饰：调整"图层2"中图像的大小，并调整其图层不透明度，使图像达到如图X4-05所示的效果。

将最终效果以X4-05.psd为文件名保存在考生文件夹中。

图Y4-05-a

图Y4-05-b

图Y4-05-c

III. 试题解答

4.1 第1题解答

（1）新建一个宽高为18厘米×12厘米、分辨率为72像素/英寸、RGB颜色模式的文件。

（2）新建"图层1"，使用圆角矩形工具绘制圆角矩形选区，填充紫色（#de01b6）。

（3）新建"图层2"，填充线性渐变（色谱），方向为从右下角至左上角，设置图层混合模式为"饱和度"，如图4-57所示，使"图层1"中的紫色呈现明暗效果，效果如图4-58所示。

图4-57　　　　　　　　　　图4-58

（4）打开素材文件C:\2020PSCS6\Unit4\Y4-01.jpg，如图4-59所示。使用魔棒工具选择素材文件中的空白区域，反选，得到素材文件中所有图案的选区；然后使用椭圆选框工具减去多余的选区，使用移动工具将选择的图案移入新建文件中，并放至适当的位置。

图4-59

（5）使用横排文字工具输入并编辑文字（字体不限），填充黄色（#edda6a）。为文字图层设置"斜面和浮雕"（参数设置如图4-60所示）和"投影"（参数设置如图4-61所示）图层样式。

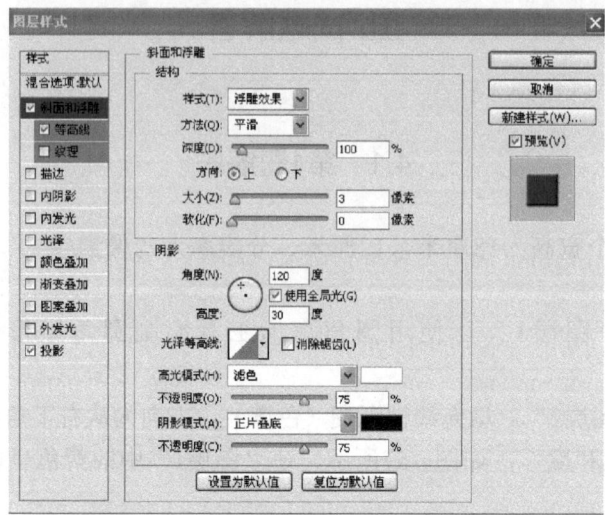

图4-60

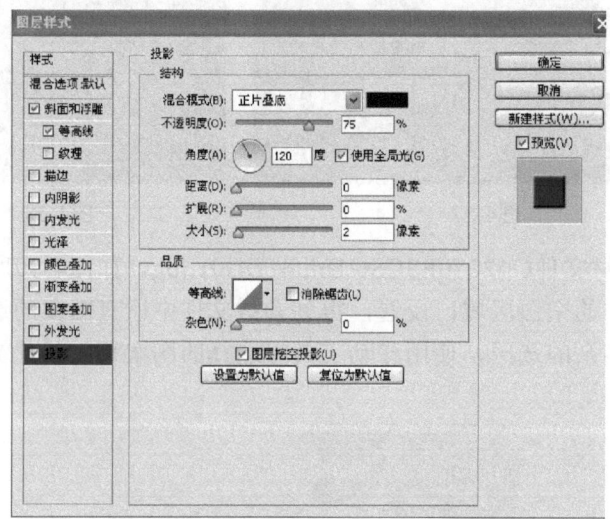

图4-61

（6）复制"VIP"所在文字图层，对复制得到的文字进行垂直翻转，添加图层蒙版，利用黑白渐变遮挡部分文字，以制作文字"VIP"的倒影，最终效果如图4-62所示。

图4-62

（7）将最终效果以X4-01.psd为文件名保存在考生文件夹中。

4.2 第2题解答

（1）新建一个宽高为500×500像素、分辨率为72像素/英寸、RGB颜色模式的文件。

（2）新建"图层1"，使用椭圆选框工具绘制一个圆形选区，填充任意颜色。执行"选择"→"变换选区"命令，缩小选区（缩小选区时，同时换住Shift键和Alt键），删除选区内的颜色，得到圆环形状的图形，效果如图4-63所示。

（3）切换到"样式"面板，单击添加"铬金光泽（文字）"样式，如图4-64所示，以制作玉镯效果。

图4-63

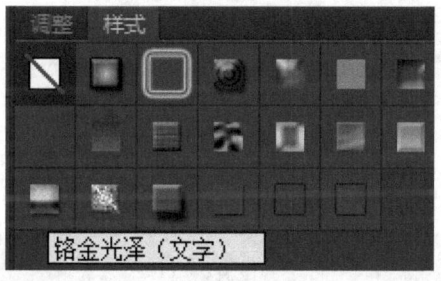
图4-64

（4）修改"图层1"的"渐变叠加"图层样式中的渐变颜色，将其设置为绿色渐变（#0cff00，#197912），参数设置如图4-65所示。

（5）调整图形的位置和大小。新建"图层2"，载入"图层1"的选区，填充灰色（#4d4d4d）。执行"编辑"→"自由变换"命令，对选区进行变形，然后使用减淡工具（大小为150像素）提亮部分灰色区域，以形成玉镯的投影，效果如图4-66所示。

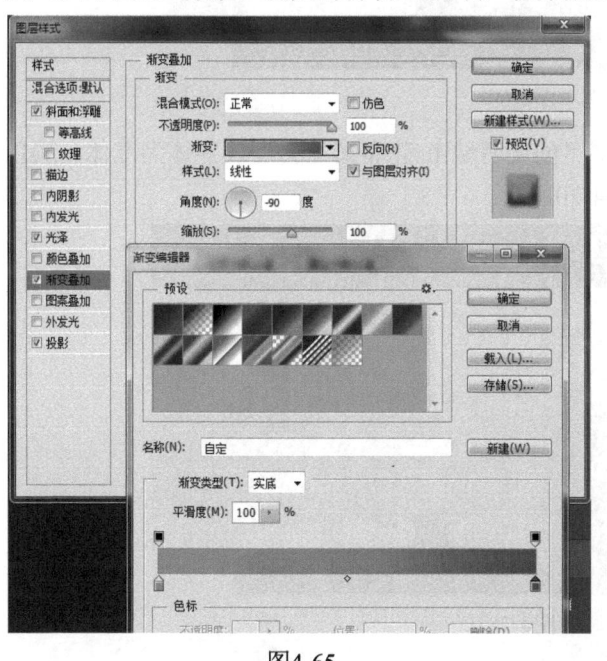
图4-65

图4-66

（6）将最终效果以X4-02.psd为文件名保存在考生文件夹中。

4.3 第3题解答

（1）打开素材文件C:\2020PSCS6\Unit4\Y4-03-a.jpg和Y4-03-b.jpg，如图4-67和图4-68所示。

图4-67

图4-68

（2）使用移动工具将素材文件Y4-03-a.jpg中的图像移入素材文件Y4-03-b.jpg中，效果如图4-69所示，生成"图层1"。

图4-69

（3）使用横排文字工具输入文字"创文明城市 建和谐社会"（字体为黑体，颜色为白色，字体大小不限），效果如图4-70所示。

图4-70

（4）合并文字图层与"图层1"。按Ctrl+T组合键，对图像进行自由变换，使用Ctrl键变换贴图。

（5）执行"图像"→"调整"→"曲线"命令，调整光线，使图像效果更加鲜明。最终效果如图4-71所示。

图4-71

（6）将最终效果以X4-03.psd为文件名保存在考生文件夹中。

4.4 第4题解答

（1）打开素材文件C:\2020PSCS6\Unit4\Y4-04-a.jpg、Y4-04-b.png和Y4-04-c.png，如图4-72～图4-74所示。

图4-72　　　　　　　　　　图4-73　　　　　　　　　　图4-74

（2）执行"图像"→"裁剪"命令，裁剪素材Y4-04-a.jpg中的图像，如图4-75所示。将裁剪后的图像拖入素材文件Y4-04-b.png中，调整其大小和位置。

（3）载入人物素材选区，添加"描边"图层样式（大小为5像素，颜色为白色），效果如图4-76所示。

（4）将素材文件Y4-04-c.png中的图像置入素材文件Y4-04-b.png，调整其大小和位置，效果如图4-77所示。

图4-75　　　　　　　图4-76　　　　　　　图4-77

（5）参照效果图，调整图层顺序，并适当调整图像的位置和大小，最终效果如图4-78所示。

图4-78

（6）将最终效果以X4-04.psd为文件名保存在考生文件夹中。

4.5　第5题解答

（1）打开素材文件C:\2020PSCS6\Unit4\Y4-05-a.jpg、Y4-05-b.jpg和Y4-05-c.jpg，如图4-79～图4-81所示。

图4-79　　　　　　　图4-80　　　　　　　图4-81

（2）使用磁性套索工具选择素材文件Y4-05-b.jpg中城堡的一部分，羽化选区（2像素）。使用移动工具将城堡选区移入素材文件Y4-05-a.jpg，生成"图层1"，变换城堡图像的大小，并将其放至适当的位置。使用橡皮擦工具，设置适当的不透明度，修饰城堡图像的边缘，使其与背景图像更好地融合在一起，效果如图4-82所示。

图4-82

（3）使用移动工具将素材文件Y4-05-c.jpg中的图像移入素材文件Y4-05-a.jpg，生成"图层2"，调整"图层2"中图像的大小。执行"选择"→"色彩范围"命令，选择"图层2"中的黑色区域，删除其中的部分黑色，设置"图层2"的图层混合模式为"滤色"，如图4-83所示，效果如图4-84所示。

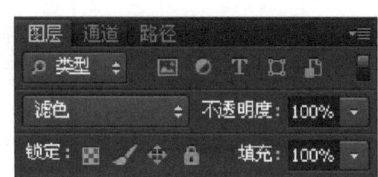

图4-83

图4-84

（4）调整"图层2"的"不透明度"为60%，如图4-85所示，效果如图4-86所示。

图4-85

图4-86

（5）将最终效果以X4-05.psd为文件名保存在考生文件夹中。

第5章　图像修饰

Ⅰ.知识讲解

知识要点

- 掌握图像色彩的调整方法，包括色彩平衡、色相/饱和度、替换颜色、匹配颜色、阴影/高光、通道混合器、曝光度等。
- 掌握图像色调的调整方法，包括色阶、曲线、亮度/对比度、色调均化、色调分离等。
- 掌握特殊颜色效果的调整方法，包括黑白、阈值、去色、反相、渐变映射等。

评分细则

本章有3个评分点，每题12分。

评 分 点	分　　值	得分条件	判分要求
编辑调整	4	按照要求编辑图像或调整	效果相似即可得分
图像修饰	4	按照要求修饰绘制图像	不符合要求不得分
效果修饰	4	按照要求修饰效果	允许一定的创意发挥

5.1　图像色彩分布的查看

在Photoshop CS6中，图像色彩的分布状态可以通过使用"信息"面板、"直方图"面板和颜色取样器工具进行查看。

5.1.1　"信息"面板

执行"窗口"→"信息"命令，即可打开"信息"面板。使用该面板不仅可以查看鼠标指针所指位置的色彩信息及鼠标指针的坐标信息，还可以查看当前所使用工具的用途。图5-1所示为选择魔棒工具时对应的"信息"面板。

如果选择不同的工具，还可以通过"信息"面板获取大小、距离和旋转角度等信息。单击面板右上角的下拉按钮，在弹出的菜单中选择"面板选项"命令，打开如图5-2所示的"信息面板选项"对话框。

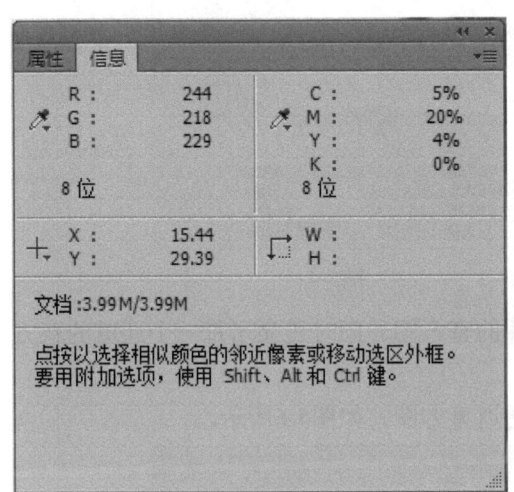 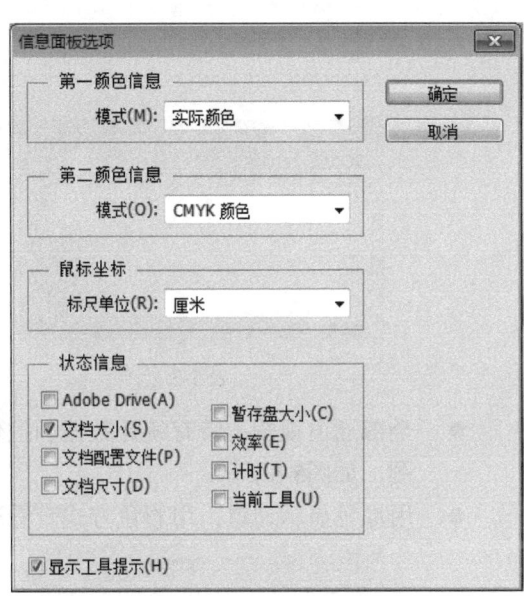

图5-1　　　　　　　　　　　　　　图5-2

"信息面板选项"对话框中各选项区的含义如下。

- 第一颜色信息："模式"的默认选项是"实际颜色"。也就是说，如果打开的图像呈RGB颜色模式，在第1组数据中就显示RGB的数值；如果打开的图像呈CMYK颜色模式，在第1组数据中就显示CMYK的数值。可以通过"模式"下拉列表框改变默认模式。
- 第二颜色信息："模式"的默认选项是"CMYK颜色"，可以通过"模式"下拉列表框改变默认模式。
- 鼠标坐标：在"标尺单位"下拉列表框中有多种标尺单位，其中，"厘米"是最常用的。
- 状态信息：用于显示"文档大小""文档配置文件""计时"等信息。
- 显示工具提示：选中该复选框，在"信息"面板中会显示工具的用法提示。

5.1.2　"直方图"面板

"直方图"面板用于显示当前图像的颜色信息。使用该面板，可对图像的颜色进行详细的分析，判断图像的阴影、中间调和高光中包含的细节是否充足，以便进行适当的调整。

在Photoshop CS6中，执行"窗口"→"直方图"命令，即可打开"直方图"面板。单击面板右上角的下拉按钮，在弹出的面板菜单中可选择不同的视图方式。

- 紧凑视图：默认的显示方式，显示的是不带统计数据或控件的直方图，如图5-3所示。
- 扩展视图：带有统计数据和控件的直方图，如图5-4所示。

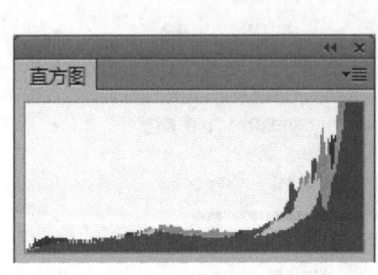
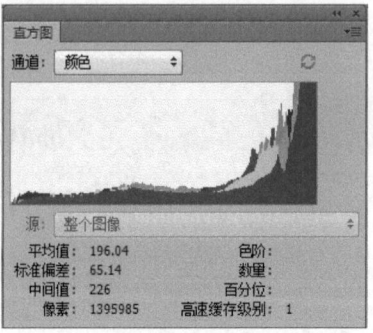

图5-3　　　　　　　　　　　图5-4

- 全部通道视图：带有统计数据和控件的直方图，同时还显示每一个通道的直方图，如图5-5所示。
- 用原色显示通道：用彩色方式查看通道直方图，如图5-6所示。

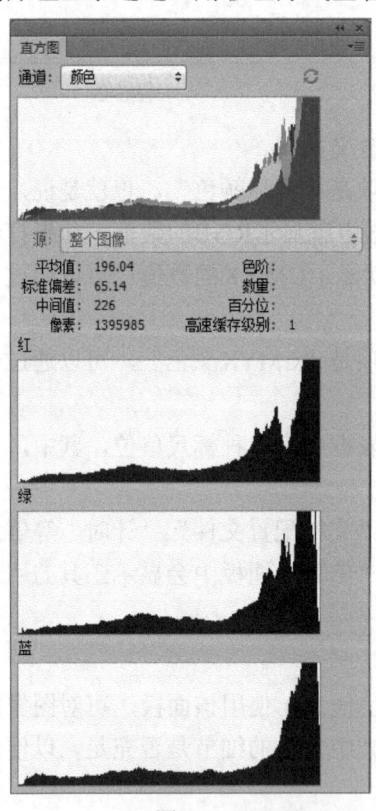
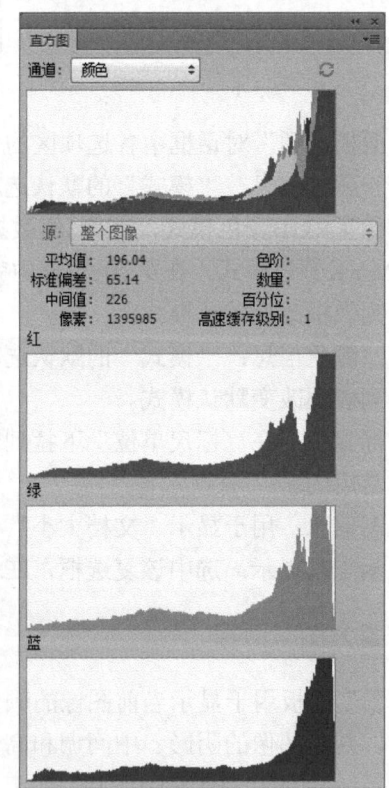

图5-5　　　　　　　　　　　图5-6

直方图的横轴表示亮度，该值的范围从0（黑色）～255（白色）；纵轴则表示给定的像素总数。直观地看上去，直方图像一座座山峰，其中，峰顶表示此色阶处拥有较多的像素。直方图中各选项的含义介绍如下。

- 平均值：用于表示图像的亮度平均值。
- 标准偏差：用于表示当前图像中颜色数值的变化范围。
- 中间值：用于表示颜色值范围内的中间值。

- 像素：用于计算直方图的像素总数。
- 色阶：用于表示当前图像或者某一指定点的亮度级别，其范围在0～255之间。
- 数量：用于表示当前图像指定的点或者选定区域中所包含的像素数目。
- 百分位：用于表示指定色阶以下像素的百分数。
- 高速缓存级别：用于表示高速缓存的设置。
- 源：若当前打开的是多图层文件，则显示"源"下拉列表框，可以从中进行设置。

5.1.3 颜色取样器工具

使用颜色取样器工具可以在图像中放置取样点，每一个取样点的颜色值都会显示在"信息"面板中。使用方法是：选择颜色取样器工具，在图像中需要取样的位置单击，即可建立取样点，一幅图像中最多可以放置4个取样点，如图5-7和图5-8所示。

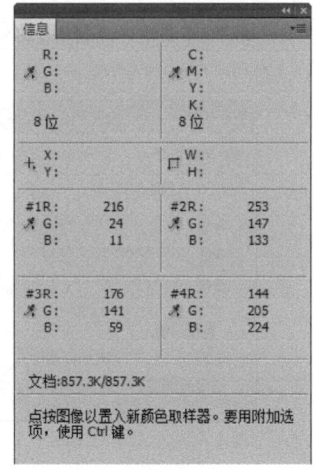

图5-7　　　　　　　　　图5-8

在对图像进行颜色调整时，颜色值会变为两组数值，斜杠左侧的数值是调整前的颜色值，斜杠右侧的数值是调整后的颜色值，如图5-9和图5-10所示。

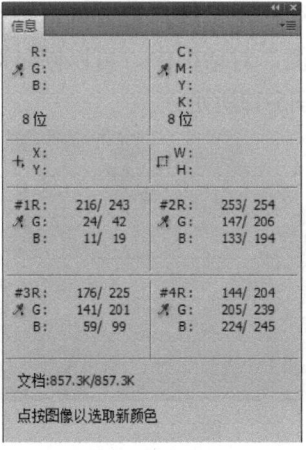

图5-9　　　　　　　　　图5-10

⚠ 提示：单击并拖动取样点，可以移动取样点的位置。按住Alt键单击取样点，可以将其删除。若要删除所有的取样点，单击工具选项栏中的"清除"按钮即可。

5.2 图像色彩的调整

在Photoshop CS6中，可以通过执行"色彩平衡""色相/饱和度""匹配颜色"等菜单命令，对图像的色彩进行精确调整，也可以通过"调整"面板对图像进行快速设置。"调整"面板的使用既简单又直观，只需单击相应的图标按钮，打开相应的面板，从中设置各选项，即可应用调整效果。

5.2.1 色彩平衡

"色彩平衡"命令可用于控制图像的颜色分布，使图像的整体色彩平衡。执行"图像"→"调整"→"色彩平衡"命令或按Ctrl+B组合键，即可打开如图5-11所示的"色彩平衡"对话框。

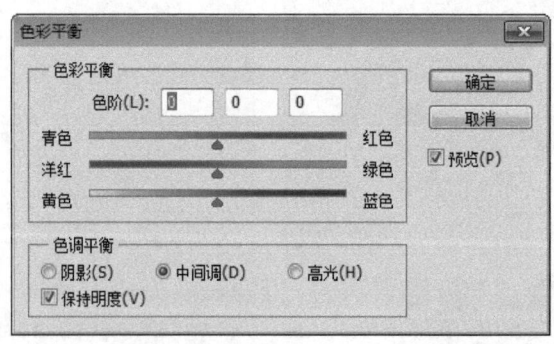

图5-11

其中，各选项区的含义介绍如下。
- 色彩平衡：用于使颜色均衡，直接拖动各颜色滑块即可。"色阶"数值框用于显示3个滑块的数值，也可以直接在"色阶"数值框中输入相应的数值。
- 色调平衡：用于选择需要着重进行调整的色彩范围。

在"色彩平衡"对话框中，可以同时对色彩和色调进行平衡设置，调整前后的对比效果如图5-12和图5-13所示。

图5-12

图5-13

5.2.2 色相/饱和度

"色相/饱和度"命令不仅可以用于调整图像像素的色相和饱和度,也可以用于灰度图的色彩渲染,从而为灰度图添加颜色。除此之外,使用"色相/饱和度"命令还可以为整幅图像或图像中的某个区域进行颜色转换操作,如图5-14和图5-15所示。

图5-14　　　　　　　　　　　　图5-15

执行"图像"→"调整"→"色相/饱和度"命令或按Ctrl+U组合键,打开如图5-16所示的"色相/饱和度"对话框。若选中"着色"复选框,图像将变成单色,可以通过调整"色相"值来改变图像的颜色,调整前后的对比效果如图5-17和图5-18所示。

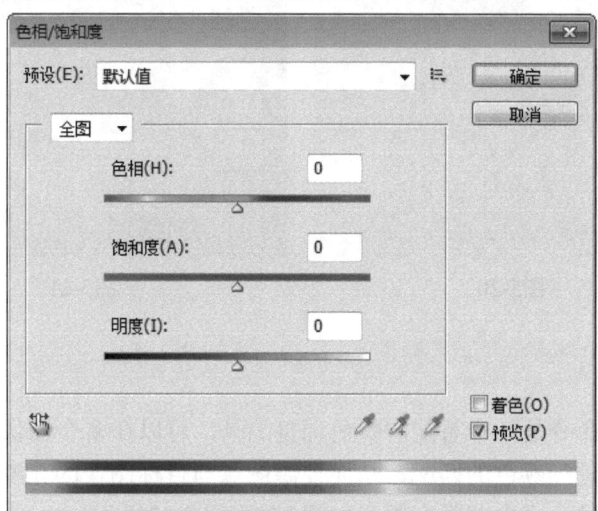

图5-16

图5-17　　　　图5-18

5.2.3 替换颜色

"替换颜色"命令用于替换图像中某个特定范围的颜色。执行"图像"→"调整"→"替换颜色"命令，打开如图5-19所示的"替换颜色"对话框。

其中，主要选项的含义分别介绍如下。

- 本地化颜色簇：若在图像中选择多个颜色，可选中此复选框创建更加精确的蒙版。
- 吸管工具组：可以选择有蒙版显示的区域，也可以添加颜色和减少颜色。
- 颜色容差：可调整蒙版的容差，控制颜色的选择精度。数值越高，包括的颜色范围就越广。
- 选区、图像：在预览区中显示选区或图像。
- 替换：设置替换颜色的色相、饱和度和明度。

图5-20和图5-21所示为替换天空颜色前后的对比效果。

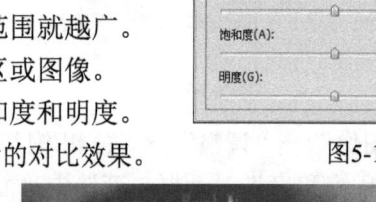

图5-19

图5-20

图5-21

5.2.4 匹配颜色

"匹配颜色"命令是一个智能的颜色调整工具，可以在多个图像文件、多个图层、多个色彩选区之间进行颜色的匹配，从而使源图像与目标图像的亮度、色相和饱和度相统一，该功能在图像合成中非常有用，如图5-22和图5-23所示。

图5-22

图5-23

执行"图像"→"调整"→"匹配颜色"命令,即可打开如图5-24所示的"匹配颜色"对话框。

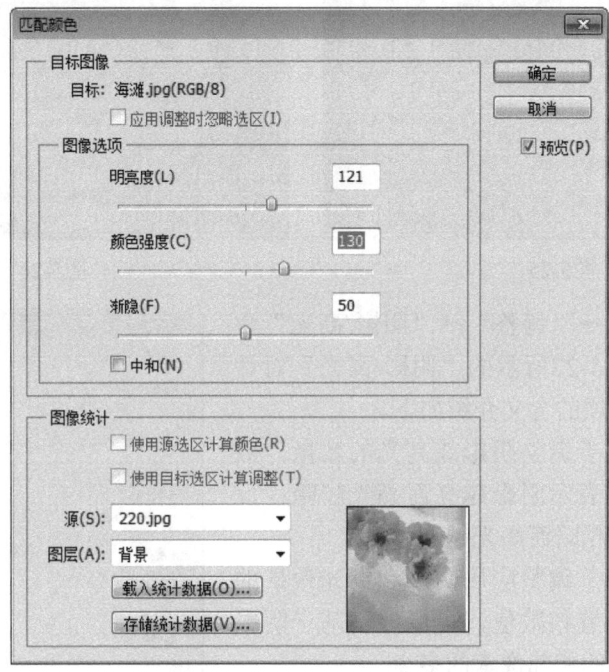

图5-24

其中,部分选项的含义介绍如下。

- 应用调整时忽略选区:选中该复选框,Photoshop会将调整效果应用于整个目标图层而忽略图层中的选区。
- 明亮度:用于调整当前图层中图像的明亮度。
- 颜色强度:用于调整图像中颜色的饱和度。
- 渐隐:用于控制应用到图像中的调整量。
- 中和:选中该复选框,可自动消除目标图像中色彩的偏差。
- 使用源选区计算颜色:选中该复选框,可使用源图像中选区的颜色计算调整度;否则将忽略图像中的选区,使用原图层中的颜色计算调整度。
- 使用目标选区计算调整:选中该复选框,可使用目标图层中选区的颜色计算调整度。
- 源:用于选择要将其颜色匹配到目标图像中的源图像。
- 图层:用于选择源图像中含有需要匹配的颜色的图层。
- 载入统计数据:单击该按钮,将载入已存储的设置文件。
- 存储统计数据:单击该按钮,将保存所进行的所有设置。

5.2.5 阴影/高光

"阴影/高光"命令用于对曝光不足或曝光过度的照片进行修正,修正前后的对比效果如图5-25和图5-26所示。

图5-25　　　　　　　　　　　　　　图5-26

执行"图像"→"调整"→"阴影/高光"命令，即可打开如图5-27所示的"阴影/高光"对话框。其中，部分选项的含义介绍如下。

- 数量：用于调整阴影或高光的数量。数值越大，表示阴影越亮而高光越暗；反之，阴影越暗而高光越亮。
- 半径：用于调整应用阴影和高光效果的范围。设置该数值，可以控制基于阴影或高光中的相邻像素的多少。
- 颜色校正：用于微调彩色图像中已被改变的区域的颜色。
- 中间调对比度：用于调整中间色调的对比度。
- 存储为默认值：单击该按钮，可将当前的设置存储为"阴影/高光"命令的默认设置。

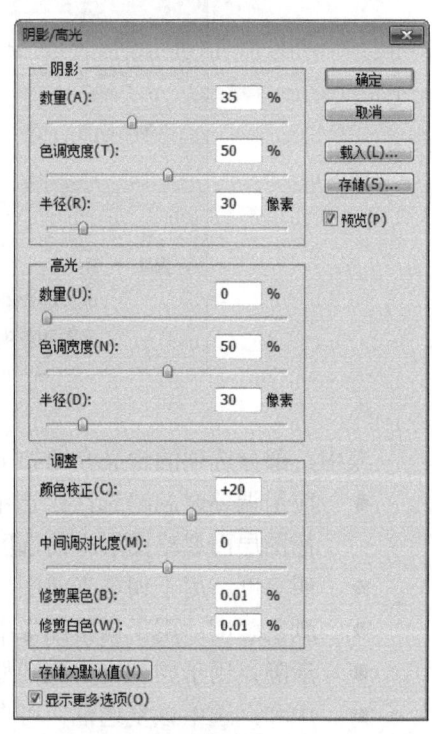

图5-27

5.2.6　通道混合器

"通道混合器"命令用于对通道合成的控制。通过执行该命令，可以将指定的通道与现有的通道以一定的对比度和合成方式进行调整。

执行"图像"→"调整"→"通道混合器"命令，打开如图5-28所示的对话框。其中，主要选项的含义介绍如下。

- 输出通道：用于选择要调整的颜色通道。
- 源通道：用于调整源通道在输出通道中所占的百分比。

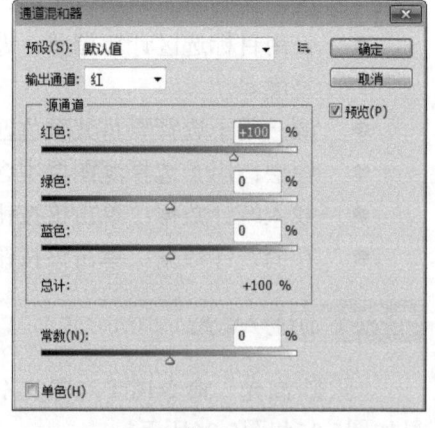

图5-28

- 常数：用于改变输出通道的不透明度，取值在－200%～＋200%之间。
- 单色：选中该复选框，可将彩色图像变成灰度图像。

使用"通道混合器"命令处理前后的图像效果如图5-29和图5-30所示。

图5-29

图5-30

5.2.7 曝光度

"曝光度"命令主要用于调整HDR（高动态范围）图像的色调，也可用于处理8位和16位的图像。执行"图像"→"调整"→"曝光度"命令，打开如图5-31所示的"曝光度"对话框。

其中，主要选项的含义如下。

- 曝光度：用于调整色调范围的高光，对阴影的影响很轻微。
- 位移：用于使阴影和中间色调变暗，对高光的影响很轻微。

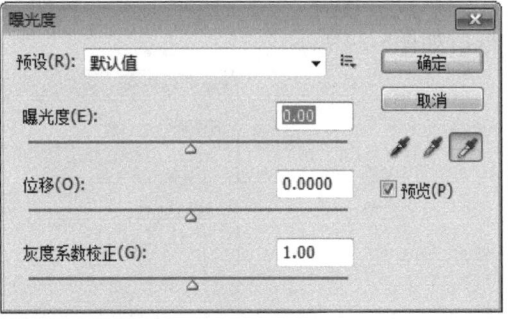

图5-31

经过曝光处理前后的图像效果如图5-32和图5-33所示。

图5-32

图5-33

提示：在"曝光度"对话框中设有"设置黑场""设置灰场""设置白场"3个吸管工具，它们主要用于调整图像的亮度值。
- 设置黑场：用于设置"位移"，同时将单击处的像素变为黑色。
- 设置白场：用于设置"曝光度"，同时将单击处的像素变为白色。
- 设置灰场：用于设置"曝光度"，同时将单击处的像素变为中度灰色。

5.3 图像色调的调整

在Photoshop CS6中，可以使用"亮度/对比度""色阶""曲线""色调均化"等命令，对图像色调进行快速调整。

5.3.1 色阶

色阶主要用于调整图像色彩的明暗程度，非常适合调整那些色彩暗淡、发灰的图像。

执行"图像"→"调整"→"色阶"命令或按Ctrl+L组合键，打开"色阶"对话框，如图5-34所示。

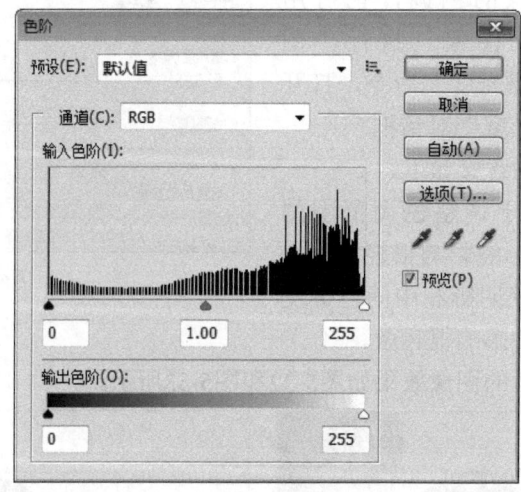

图5-34

其中，部分选项的含义如下。
- 预设：用于选择已经调整完成的色阶效果。
- 通道：用于选择要调整色调的通道。
- 输入色阶：分别对应直方图中的3个滑块。其中，左侧的数值用于控制图像的暗部色调，取值范围为0～255，通过设置该值，可将某些像素变为黑色；中间的数值用于控制图像的中间色调，取值范围为0.10～9.99；右侧的数值用于控制图像的亮部色调，取值范围为0～255，通过设置该值，可将某些像素变成白色。
- 输出色阶：用于限定图像的亮度范围，取值范围为0～255，两个数值分别用于调整暗部色调和亮部色调。
- 自动：单击该按钮，Photoshop将以0.5的比值对图像进行调整，将最亮的像素调整为白色，而将最暗的像素调整为黑色。
- 选项：单击该按钮，可打开"自动颜色校正选项"对话框。该对话框主要用于设置"阴影"和"高光"所占的比例。
- 吸管工具组：双击其中的任一吸管，都会打开拾色器对话框，从中可以设置用于分配高光、中间调和阴影的数值。

图5-35和图5-36所示为调整高光前后的对比效果。

图5-35　　　　　　　　　　　图5-36

提示：若选择黑色吸管并单击图像，则图像中所有像素的亮度值都会减去该选取色的亮度值，使图像变暗；若选择灰色吸管并单击图像，则Photoshop会用单击处的像素亮度来调整图像中所有像素的亮度；若选择白色吸管并单击图像，则图像中所有像素的亮度值都会添加该选取色的亮度值，使图像变亮。

5.3.2 曲线

使用"曲线"命令不仅可以调整图像的整体色调，还可以精确地控制图像中多个色调区域的明暗度。可以说，使用"曲线"命令可以将一幅整体偏暗并且模糊的图像变得清晰、色彩鲜明。

执行"图像"→"调整"→"曲线"命令或按Ctrl+M组合键，打开"曲线"对话框，如图5-37所示。

其中，部分选项的含义如下。
- 输入：对应曲线横轴上的值，用于表示图像的原亮度值。
- 输出：对应曲线纵轴上的值，用于表示图像调整后的亮度值。
- 按钮：用于通过编辑控制点来修

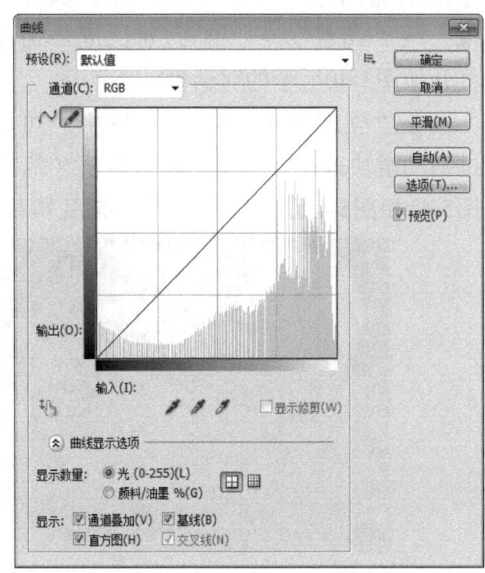

图5-37

改曲线，拖动鼠标指针可以改变控制点的位置，向上拖动时色调变亮，向下拖动时色调变暗。

- ☑按钮：用于通过绘制来修改曲线。单击该按钮，然后将鼠标指针移至图表中，鼠标指针变成画笔时就可以手动绘制曲线了。曲线的形状越不规则，图像色调的变化就越强烈。
- ☑按钮：在图像中单击并拖动可以调整曲线。
- 平滑：使用☑按钮绘制自由形状的曲线后，单击该按钮，可以对曲线进行平滑处理。

图5-38和图5-39所示为改变RGB通道曲线前后的图像效果对比。

图5-38　　　　　　　　　　　图5-39

5.3.3 亮度/对比度

"亮度/对比度"命令主要用来调节图像的亮度和对比度。当打开的图像文件太暗或模糊时，可以使用"亮度/对比度"命令来增加图像的亮度或清晰度。执行"图像"→"调整"→"亮度/对比度"命令，打开如图5-40所示的对话框。

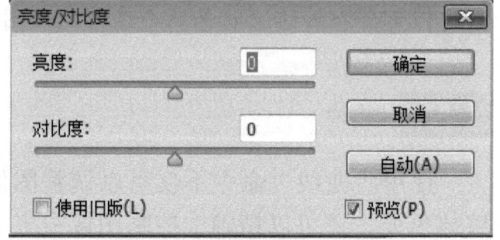

图5-40

在"亮度/对比度"对话框中，可以通过拖动滑块或在文本框中输入数值（范围是－100～100）来调整图像的亮度和对比度，图5-41和图5-42所示为调整图像亮度和对比度前后的效果对比。

图5-41　　　　　　　　　　　图5-42

5.3.4 色调均化

"色调均化"命令可用于重新分配图像中各像素的亮度值。在执行此命令时,系统会自动查找图像中的最亮值和最暗值,并将这些值重新映射,使最暗值表示为黑色、最亮值表示为白色、中间像素均匀分布。

执行"图像"→"调整"→"色调均化"命令,即可为图像重新分配各像素,如图5-43和图5-44所示。

图5-43　　　　　　　　　　　　图5-44

5.3.5 色调分离

"色调分离"命令可用于指定图像中每个通道色调等级的数目,并将这些像素映射为最接近的匹配色调,以减少并分离图像的色调。执行"图像"→"调整"→"色调分离"命令,打开"色调分离"对话框,如图5-45所示。

图5-45

"色阶"数值越小,图像色调的变化越大;反之,"色阶"数值越大,图像色调的变化越小。图5-46和图5-47所示分别为原图像效果和设置"色阶"为2时的图像效果。

图5-46　　　　　　　　　　　　图5-47

5.4 特殊颜色效果的调整

在Photoshop CS6中，利用"黑白""阈值""去色""反相"等命令可以快速使图像产生特殊的颜色效果。

5.4.1 黑白

对图像进行黑白处理有许多方法，最简单的当属"去色"命令，再复杂一些的是调整饱和度、使用Lab模式、设置通道混合器、使用渐变映射、复制单一通道等。

此外，使用"黑白"命令也可以将彩色图像转换为黑白图像或单色图像，以及为灰度图着色。该命令提供了多种选项，可以同时控制对各颜色的转换。执行"图像"→"调整"→"黑白"命令，打开"黑白"对话框，如图5-48所示。

图5-49和图5-50所示为改变图像参数前后的效果对比。

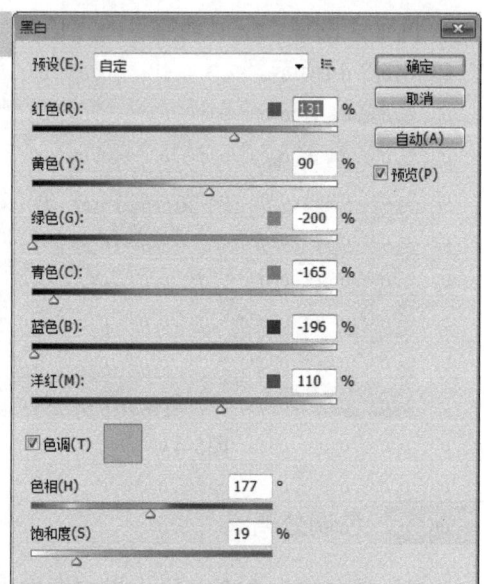

图5-48

图5-49

图5-50

5.4.2 阈值

"阈值"命令主要用于将一幅彩色或灰度图像转换为高对比度的黑白图像。转换原理是：将图像的某个色阶指定为阈值，所有比该阈值亮的像素会被转换为白色，所有比该阈值暗的像素会被转换为黑色。

打开如图5-51所示的图像，执行"图像"→"调整"→"阈值"命令，在打开的"阈值"对话框中进行设置即可。图5-52所示为设置"阈值色阶"为90时的图像效果。

图5-51　　　　　　　　　　　　　　图5-52

5.4.3　去色

"去色"命令主要用于去除图像的颜色，即将图像中所有颜色的饱和度变为0，将其转换为相同颜色模式的灰度图。打开如图5-53所示的图像，执行"图像"→"调整"→"去色"命令或按Shift+Ctrl+U组合键即可去除图像的颜色，如图5-54所示。

图5-53　　　　　　　　　　　　　　图5-54

5.4.4　反相

"反相"命令用于反转图像的颜色。对于黑白图像而言，可将其转换为底片效果；对于彩色图像而言，可将图像中的颜色分别转换为其补色。

打开如图5-55所示的图像，执行"图像"→"调整"→"反相"命令或按Ctrl+I组合键即可，效果如图5-56所示。

图5-55　　　　　　　　　　　　　　图5-56

5.4.5 渐变映射

"渐变映射"命令可以将相等的图像灰度范围映射到指定的渐变填充色。例如，指定了双色渐变填充，图像中的阴影区域映射到渐变填充的一个端点颜色，高光区域映射到另一个端点颜色，而中间调区域映射到两个端点颜色之间的渐变层次。这里所说的"灰度范围映射"，是指按不同的明度进行映射。

执行"图像"→"调整"→"渐变映射"命令，打开"渐变映射"对话框，如图5-57所示。单击渐变色条，打开"渐变编辑器"对话框，如图5-58所示。在该对话框中，可以选择系统预设的渐变样式，还可以创建自己想要的渐变样式。

图5-57　　　　　　　　　　　　　图5-58

对如图5-59所示的图像执行渐变映射操作，效果如图5-60所示。

图5-59　　　　　　　　　　　　　图5-60

Ⅱ. 试题汇编

5.1 第1题

【操作要求】

为黑白照片上色，制作如图X5-01所示的最终效果。

图X5-01

打开素材文件C:\2020PSCS6\Unit5\Y5-01.jpg，如图Y5-01所示。

1．**编辑调整**：使用"色彩平衡"命令对图片着色，创建人物各个部分的选区。

2．**图像修饰**：使用"色相/饱和度"命令，分别为人物的各个部分进行上色操作（颜色不限）。

3．**效果修饰**：对背景的明暗度进行调整。

将最终效果以X5-01.psd为文件名保存在考生文件夹中。

图Y5-01

5.2 第2题

【操作要求】

通过抠图、文字排版修饰等操作,制作如图X5-02所示的最终效果。

图X5-02

新建一个宽高600×400像素、72像素/英寸分辨率、RGB颜色模式的文件。打开素材文件C:\2020PSCS6\Unit5\Y5-02.jpg,如图Y5-02所示。

1．**编辑调整**：使用通道抠出素材Y5-02中的衣服部分,拖入新建文件中,并添加投影效果。

2．**图像修饰**：填充背景色（暗红色）。输入如图X5-02所示的文字（字体不限）。

3．**效果修饰**：调整衣服的摆放位置。调整文字的大小及排列位置。

将最终效果以X5-02.psd为文件名保存在考生文件夹中。

图Y5-02

5.3 第3题

【操作要求】

使用"色相/饱和度"或"色彩平衡"命令为黑白照片上色,最终效果如图X5-03所示。

图X5-03

打开素材文件C:\2020PSCS6\Unit5\Y5-03.jpg,如图Y5-03所示。

1．**编辑调整**：分别建立黄色、红色、蓝色的着色选区。
2．**图像修饰**：使用"色相/饱和度"或"色彩平衡"命令进行着色。
3．**效果修饰**：适当调整图像的色相、明度和饱和度。

将最终效果以X5-03.psd为文件名保存在考生文件夹中。

图Y5-03

5.4 第4题

【操作要求】

修复图像，制作如图X5-04所示的最终效果。

图X5-04

打开素材文件C:\2020PSCS6\Unit5\Y5-04.jpg，如图Y5-04所示。

1．编辑调整：使用图章工具清除白色的点。
2．图像修饰：使用修补工具消除油菜花上面的文字。
3．效果修饰：调整图像的色相，使其颜色更加靓丽。

将最终效果以X5-04.psd为文件名保存在考生文件夹中。

图Y5-04

5.5 第5题

【操作要求】

通过调整"渐变映射""色相/饱和度"等调整图层参数及设置"柔光"图层混合模式，制作如图X5-05所示的最终效果。

图X5-05

打开素材文件C:\2020PSCS6\Unit5\Y5-05.jpg，如图Y5-05所示。

1．**编辑调整**：为荷花的花朵区域建立选区，然后反向选择。

2．**图像修饰**：建立"渐变映射"调整图层（渐变从#08badc到白色），设置其图层混合模式为"柔光"，并复制该图层，保持图层混合模式不变。建立"色相/饱和度"调整图层，降低饱和度效果。

3．**效果修饰**：复制"背景"图层，得到"背景 副本"图层，并将其图层混合模式改为"柔光"。

将最终效果以X5-05.psd为文件名保存在考生文件夹中。

图Y5-05

Ⅲ. 试题解答

5.1 第1题解答

（1）打开素材文件C:\2020PSCS6\Unit5\Y5-01.jpg，如图5-61所示。

图5-61

（2）执行"图层"→"新建调整图层"→"色彩平衡"命令，创建一个"色彩平衡"调整图层，参数设置如图5-62所示，效果如图5-63所示。

图5-62　　　　　　　　　　图5-63

（3）创建人物面部选区，执行"图层"→"新建调整图层"→"色相/饱和度"命令，在打开的对话框中为其上色（颜色不限）。使用相同方法，分别创建人物颈部、手臂、上装的选区并上色（颜色不限），效果如图5-64和图5-65所示。

图5-64　　　　　　　图5-65

（4）盖印图层，执行"图像"→"调整"→"亮度/对比度"命令，根据最终效果调整参数，最终效果如图5-66所示。

图5-66

（5）将最终效果以X5-01.psd为文件名保存在考生文件夹中。

5.2　第2题解答

（1）新建一个宽高为600×400像素、分辨率为72像素/英寸、RGB颜色模式的文件。打开素材文件C:\2020PSCS6\Unit5\Y5-02.jpg，如图5-67所示。

图5-67

（2）在素材文件Y5-02.jpg中，切换到"通道"面板，复制"蓝"通道，得到"蓝副本"通道，如图5-68所示。

（3）执行"图像"→"调整"→"亮度/对比度"命令，参数设置如图5-69所示，调整图像的明暗度，使白色更白、黑色更黑。

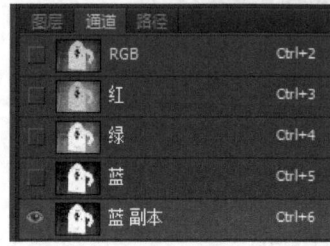
图5-68

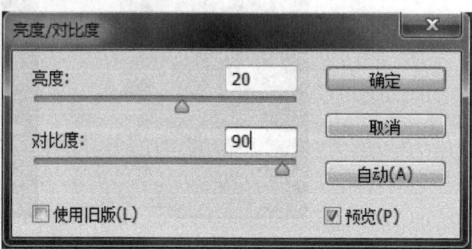
图5-69

（4）使用画笔工具（前景色为白色）将衣服部分全部涂成白色，形成白色衣服区域，效果如图5-70所示。

（5）使用魔棒工具选中白色衣服区域，切换到"图层"面板。使用移动工具将衣服拖入新建文件。

图5-70

（6）填充背景色（#711313）。使用横排文字工具输入文字"时尚男装"（字体、字体大小不限），字符设置如图5-71所示。继续使用横排文字工具输入文字"2018春装首发"和"50-100公斤可穿"（字体、字体大小不限）。新建"图层2"，使用矩形工具为文字"50-100公斤可穿"添加橙色的背景色块。

（7）调整衣服的摆放位置，调整文字的大小及排列位置，最终效果如图5-72所示。

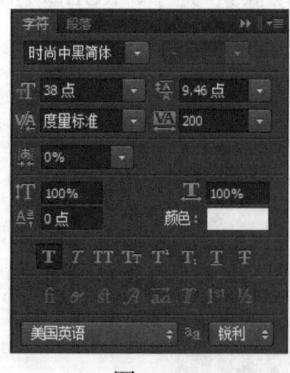
图5-71

图5-72

（8）将最终效果以X5-02.psd为文件名保存在考生文件夹中。

5.3 第3题解答

(1) 打开素材文件C:\2020PSCS6\Unit5\Y5-03.jpg，如图5-73所示。

图5-73

(2) 使用钢笔工具，选择"路径"模式，沿笔记本电脑图像绘制轮廓路径，将该路径创建为选区。

(3) 单击"图层"面板下方的"创建新的填充或调整图层"按钮，在弹出的菜单中选择"色相/饱和度"命令，如图5-74所示，创建一个"色相/饱和度"调整图层。

(4) 在"属性"面板中，选中"着色"复选框，设置色相为330、饱和度为40、明度为+5，如图5-75所示。

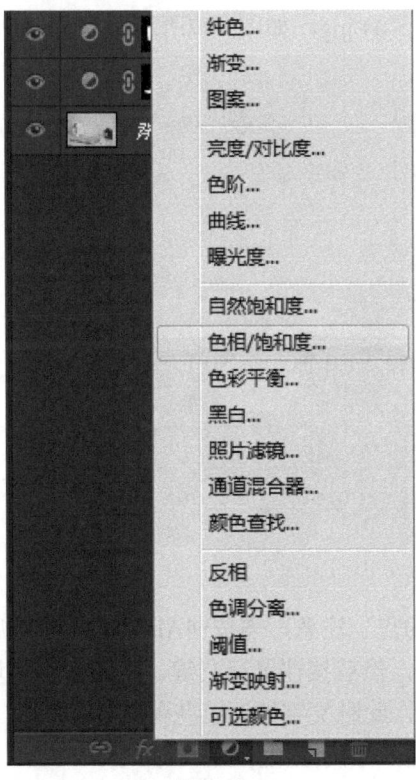

图5-74

图5-75

（5）使用相同的方法，继续使用钢笔工具分别绘制书籍和台历图像的轮廓路径，然后分别创建"色相/饱和度"调整图层，选中"着色"复选框，并设置相应参数（书籍：色相为50，饱和度为100，明度为－50；台历：色相为260，饱和度为50，明度为－5）。最终效果如图5-76所示。

图5-76

（6）将最终效果以X5-03.psd为文件名保存在考生文件夹中。

5.4　第4题解答

（1）打开素材文件C:\2020PSCS6\Unit5\Y5-04.jpg，如图5-77所示。

图5-77

（2）使用仿制图章工具清除图像中白色的点。注意，需按住Alt键定义复制源。

（3）使用修补工具选中"油菜花"3个字，然后按住鼠标左键，将选中的区域拖动到画面中与其相近的图像区域，释放鼠标左键，此时文字被油菜花覆盖。

（4）调整图像的色相，使其颜色更加艳丽，最终效果如图5-78所示。

图5-78

(5)将最终效果以X5-04.psd为文件名保存在考生文件夹中。

5.5 第5题解答

(1)打开素材文件C:\2020PSCS6\Unit5\Y5-05.jpg,如图5-79所示。

图5-79

(2)使用磁性套索工具为荷花的花朵区域建立选区,选取时的状态如图5-80所示。生成选区后,按Shift+Ctrl+I组合键反选选区。

图5-80

（3）执行"图层"→"新建调整图层"→"渐变映射"命令，创建"渐变映射"调整图层，渐变颜色的颜色值为#08badc（参数设置如图5-81所示）到#ffffff（白色）。将该调整图层的混合模式修改为"柔光"。复制当前"渐变映射"调整图层，得到副本图层，其图层混合模式仍设置为"柔光"。

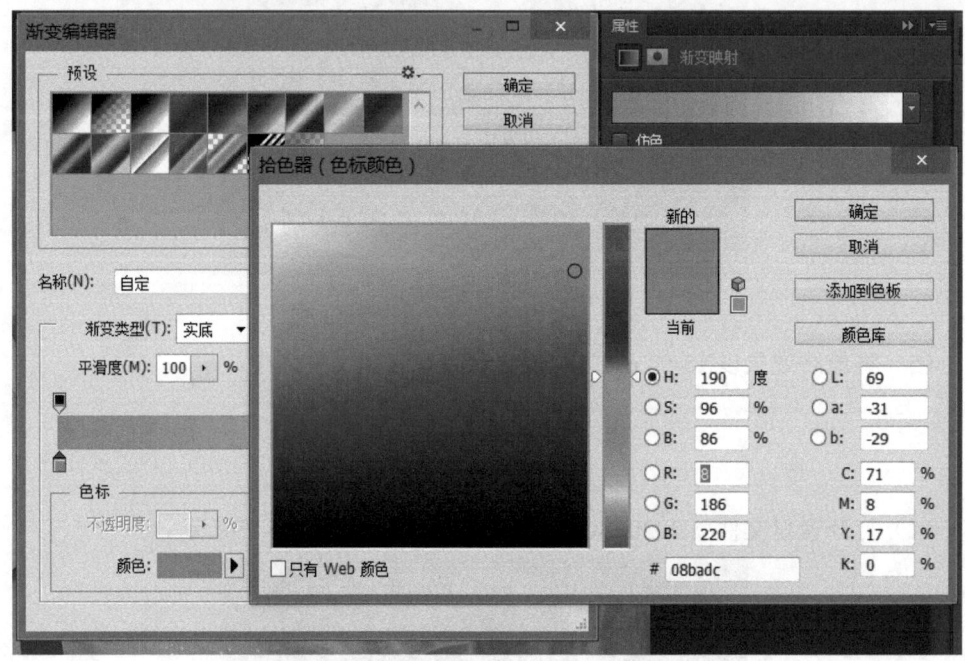

图5-81

（4）执行"图层"→"新建调整图层"→"色相/饱和度"命令，参数设置如图5-82所示。

图5-82

（5）复制"背景"图层，得到"背景 副本"图层，将其移动到"图层"面板的最上层，并将其图层混合模式修改为"柔光"，如图5-83所示。最终效果如图5-84所示。

图5-83

图5-84

（6）将最终效果以X5-05.psd为文件名保存在考生文件夹中。

第6章 特效处理

Ⅰ.知识讲解

知识要点

- 了解滤镜的基本知识。
- 掌握常用的内部滤镜，包括风格化、模糊、扭曲、锐化、视频、像素化、渲染、杂色、其它、画笔描边、素描、纹理、艺术效果等。
- 了解外挂滤镜的安装和使用。

评分细则

本章有3个评分点，每题12分。

评 分 点	分 值	得分条件	判分要求
基本图形	2	按照要求准备基本图形	制作方法不要求
滤镜特效	5	选择正确的滤镜	效果不正确不得分
效果修饰	5	达到修饰效果	效果相似即可得分

6.1 滤镜简介

在Photoshop中，滤镜主要用于实现图像的各种特殊效果。该术语源于摄影领域，是一种安装在摄影器材上的特殊镜头，使用它能够模拟某些特殊的光照效果或带有装饰性的纹理效果。

6.1.1 什么是滤镜

滤镜是图像处理软件和视频处理软件所特有的，它的产生主要是为了满足复杂的图像处理的需求。滤镜是一种置入Photoshop的外挂功能模块，也可以说是一种开放式的程序，是为众多图像或视频处理软件进行图像特殊效果制作而设计的系统处理接口。

在Photoshop中，滤镜基本可以分为3种：内阙滤镜、内置滤镜（即Photoshop自带的滤镜）、外挂滤镜（即第三方滤镜）。

（1）内阙滤镜是指内阙于Photoshop程序内部的滤镜。

（2）内置滤镜是指选择Photoshop默认安装时，Photoshop安装程序自动安装到plug-ins目录下的滤镜。

（3）外挂滤镜是指由第三方厂商为Photoshop所开发的滤镜。这种滤镜不仅种类齐全、品种繁多，而且功能强大，同时版本与种类也在不断升级与更新。

6.1.2 常见外挂滤镜

外挂滤镜也被称为外部滤镜，包括KPT Power Tools滤镜、Black Box系列滤镜、Eye Candy系列滤镜等。

1．KPT Power Tools滤镜

KPT Power Tools滤镜是一组非常有特色的滤镜，包括清晰平衡、光晕、材质、扭曲变形、纹理填充、波纹等效果，还包括二维、三维效果。

2．Black Box系列滤镜和Eye Candy系列滤镜

Black Box系列滤镜和Eye Candy系列滤镜是由Alien Skin Software公司设计的，该滤镜包括几十种特效滤镜，用于制作3D特殊效果。

6.2 特殊滤镜

下面将对滤镜的相关知识进行详细介绍。

6.2.1 "滤镜库"滤镜

"滤镜库"以缩览图的形式，列出了"风格化""画笔描边""扭曲""素描""纹理""艺术效果"滤镜组中的一些常用滤镜。在实际操作过程中，可以为当前图像应用多次单个滤镜，也可以同时应用多个滤镜。

执行"滤镜"→"滤镜库"命令，打开滤镜库对话框。对话框中的左侧区域为滤镜的预览区域，可以通过缩放调节预览范围的大小；中间区域为滤镜工具集，每个滤镜组中都有缩览图，可以更方便、直接地观察到滤镜的应用效果；右侧区域为选择某个滤镜显示的属性设置面板，可以通过设置其中的参数，调整滤镜的不同效果，如图6-1所示。

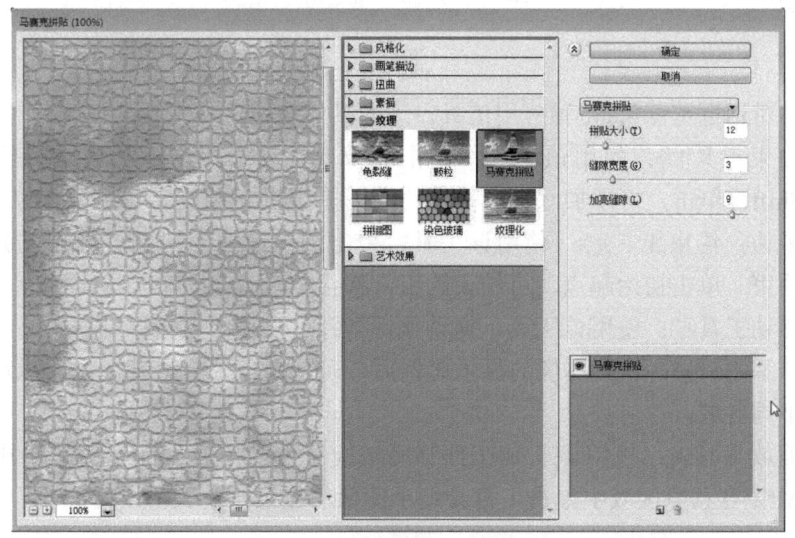

图6-1

6.2.2 "自适应广角"滤镜

"自适应广角"滤镜是Photoshop CS6中新增的一项功能。使用该滤镜，可以校正由于使用广角镜头而造成的镜头扭曲，可以快速拉直在全景图或采用鱼眼镜头和广角镜头拍摄的照片中看起来弯曲的线条。例如，建筑物在使用广角镜头拍摄时看起来会向内倾斜。

执行"滤镜"→"自适应广角"命令，打开"自适应广角"对话框，如图6-2所示。

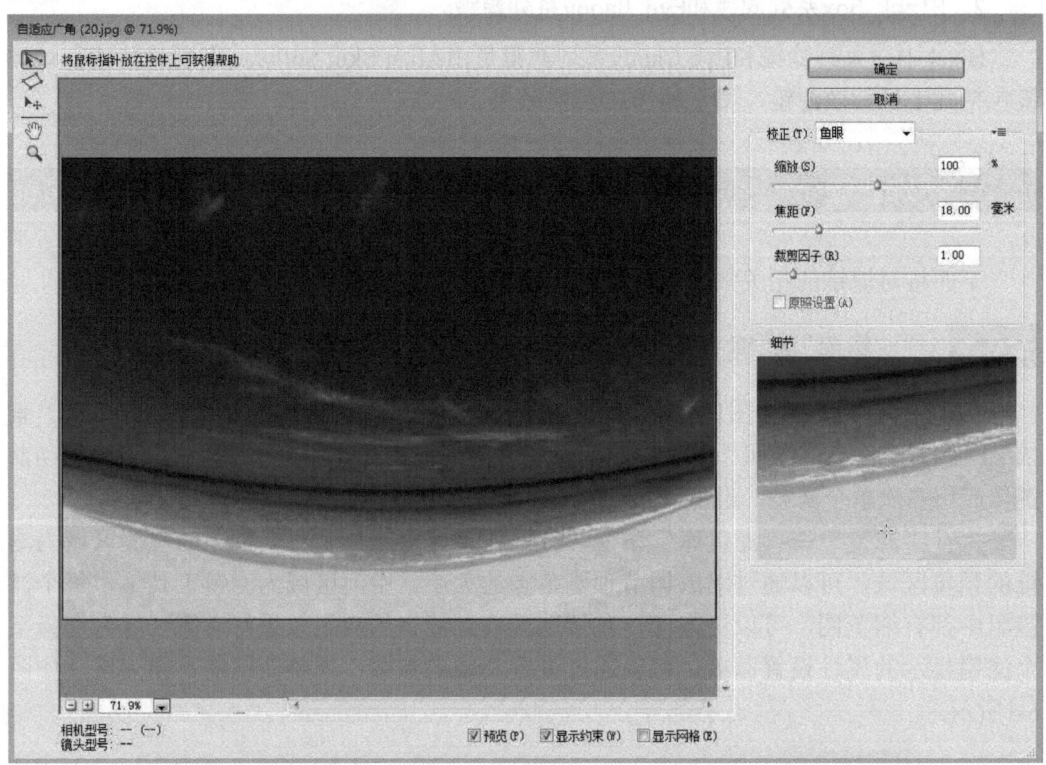

图6-2

其中，对话框左侧包括5种应用工具。下面具体介绍这些工具的作用。

- 约束工具：使用该工具，单击图像或拖动端点可添加或编辑约束。按住Shift键单击，可添加水平或垂直约束；按住Alt键单击，可删除约束。
- 多边形约束工具：使用该工具，单击图像或拖动端点可添加或编辑多边形约束。单击初始起点，可结束约束；按住Alt键单击，可删除约束。
- 移动工具：使用该工具，拖动鼠标指针可以在画布中移动内容。
- 抓手工具：放大图像的显示比例后，可使用该工具移动图像，以观察图像的不同区域。
- 缩放工具：使用该工具在预览区域中单击，可放大图像的显示比例；按住Alt键在预览区域中单击，则会缩小图像的显示比例。

6.2.3 "镜头校正"滤镜

"镜头校正"滤镜是对各种相机与镜头的测量自动校正，可轻易消除桶状和枕状变形、图像周边暗角及镜头边缘出现彩色光晕的色像差。执行"滤镜"→"镜头校正"命令，打开如图6-3所示的对话框，通过"自动校正"选项卡可自动校正拍摄过程中图像产生的镜头缺陷。

图6-3

提示：对话框左侧包括5种应用工具。其中，使用移动扭曲工具可校正图像拍摄过程中产生的桶形失真和枕形失真；使用拉直工具可校正倾斜的图像；使用移动网格工具移动网格，可以使之与图像对齐。

通过对"自定"选项卡（如图6-4所示）中的各选项进行设置，可以更加精确地校正图像的几何扭曲效果。"色差"选项可校正由于镜头对不同平面的色光进行对焦而产生的红边；"晕影"选项可校正由于相机镜头缺陷或镜头遮光而导致图像边缘较暗的问题；"变换"选项可校正倾斜的图像。

图6-4

6.2.4 "液化"滤镜

使用"液化"滤镜可以扭曲图像，还可以非常方便地制作漩涡、湍流、褶皱及收缩等效果。需要注意的是，该滤镜只对RGB、CMYK、Lab和灰度颜色模式的8位图像有效。

在使用该滤镜扭曲图像时，对于不需要变形的区域可以将其冻结，以免被更改；也可以"解冻"已冻结的区域，使它们可以被重新编辑；还可以使用多种重建模式全部或部分反向扭曲或扩展扭曲，或在新区域中重新扭曲。执行"滤镜"→"液化"命令，打开"液化"对话框，如图6-5所示。对话框左侧的各种工具说明如下。

- 向前变形工具：按住鼠标左键在图像中拖动鼠标指针，图像沿鼠标指针的拖动方向发生变形。
- 重建工具：用来恢复图像。
- 顺时针旋转扭曲工具：单击图像要进行旋转扭曲的部分，旋转到所需要的图像效果时释放鼠标左键即可。若在旋转时按住Alt键，可使图像逆时针旋转。
- 褶皱工具：使图像产生一种从外到内压缩的效果。
- 膨胀工具：使图像产生一种从内到外膨胀的效果。
- 左推工具：垂直向上（或向下）拖动鼠标指针时，像素向左（或向右）移动；水平向左（或向右）拖动鼠标指针时，像素向下（或向上）移动。
- 镜像工具：在图像中拖动鼠标指针时，可将像素复制到画笔区域，以创建镜像效果。

- 湍流工具：通过拖动鼠标指针对图像进行涂抹，使图像看起来有一种波纹的效果。
- 冻结蒙版工具：若要对图像中的某一区域进行操作，同时又不希望影响其他区域，可以使用该工具在图像中绘制出冻结区域。
- 解冻蒙版工具：在冻结区域涂抹，可以解除冻结。

图6-5

6.2.5 "消失点"滤镜

使用"消失点"滤镜能够在保证图像透视角度不变的前提下，对图像进行绘制、仿制、复制或粘贴以及变换等操作。该操作会自动应用透视原理，按照透视的角度和比例来自适应图像的修改，从而大大节约精确设计和修饰照片所需的时间。

执行"滤镜"→"消失点"命令，打开"消失点"对话框，如图6-6所示。

在该对话框左侧包括10种应用工具。下面对这些工具进行详细介绍。

- 编辑平面工具：用于选择、编辑、移动平面和调整平面的大小。
- 创建平面工具：单击该按钮，再单击图像中透视平面或对象的4个角，可以创建平面；还可以从现有的平面拖动锚点，创建垂直平面。
- 选框工具：单击该按钮，在平面中单击并移动，可选择该平面中的区域；按住Alt键拖移选区，可将区域复制到新目标；按住Ctrl键拖移选区，可用源图像填充该区域。
- 图章工具：单击该按钮，在平面中按住Alt键单击可为仿制操作设置源点，然后单击并拖动鼠标指针可进行绘画或仿制操作。按住Shift键单击，可将描边扩展到上一次单击处。
- 画笔工具：单击该按钮，在平面中单击并拖动鼠标指针，可进行绘画操作。按住Shift键单击，可将描边扩展到上一次单击处。选择"修复明亮度"，可将绘画调整为适应阴影或纹理。
- 变换工具：用于缩放、旋转和翻转当前浮动选区。
- 吸管工具：选择用于绘画的颜色。
- 测量工具：用于测量两点之间的距离。

图6-6

6.3 常用的内部滤镜

充分利用Photoshop内部滤镜的各种功能，有助于设计出更加完美的平面作品。下面详细介绍这些滤镜及其使用方法。

6.3.1 "风格化"滤镜组

"风格化"滤镜组用于通过置换图像像素并增加其对比度，在选区中产生印象派绘画及其他风格化的效果。

1. 查找边缘

"查找边缘"滤镜能查找图像中主色块颜色变化的区域，并对查找到的轮廓描边，使图像边缘看起来像用笔刷勾勒过。应用该滤镜前后的效果分别如图6-7和图6-8所示。

图6-7　　　　　　　　　　　　　　图6-8

2. 等高线

"等高线"滤镜用于查找主要亮度区域的过渡，并用细线勾勒每个颜色通道，从而得到主要亮度区域的轮廓。在如图6-9所示的"等高线"对话框中，利用"色阶"选项可以设置对画面进行勾画的颜色亮度级；"边缘"选项用于设置线条显示的方式，选择"较低"选项将勾画图像中较暗的区域，而选择"较高"选项则勾画图像中较亮的区域。应用"等高线"滤镜前后的效果分别如图6-10和图6-11所示。

图6-9　　　　　　　图6-10　　　　　　　图6-11

3. 风

"风"滤镜用于通过在图像中增加一些细小的水平线，从而生成风吹的效果。在如图6-12所示的"风"对话框中可以设置风的大小与方向，其中风的大小包括"风""大风""飓风"3种方法。应用该滤镜前后的效果分别如图6-13和图6-14所示。

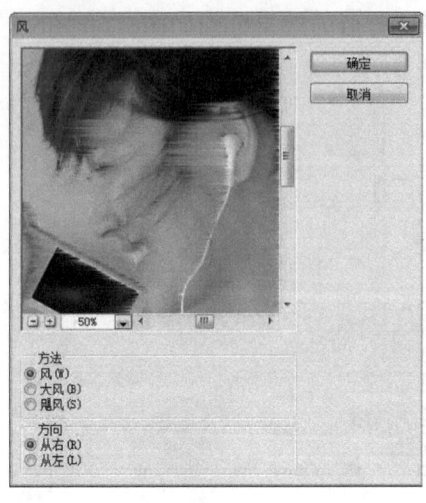  

图6-12　　　　　　　　　　图6-13　　　　　　　　　　图6-14

4. 浮雕效果

"浮雕效果"滤镜用于通过将原图像的填充色转换为灰色，并用原填充色描画边缘，从而使图像的不同区域凸起或凹陷。在如图6-15所示的"浮雕效果"对话框中，可以对各个选项进行设置。其中，"角度"选项用于设置光照的角度；"高度"选项用于设置图像凸起的程度；"数量"选项决定原图像细节和颜色的保留程度，该数值越大，图像凸起的边缘越明显。应用该滤镜前后的效果分别如图6-16和图6-17所示。

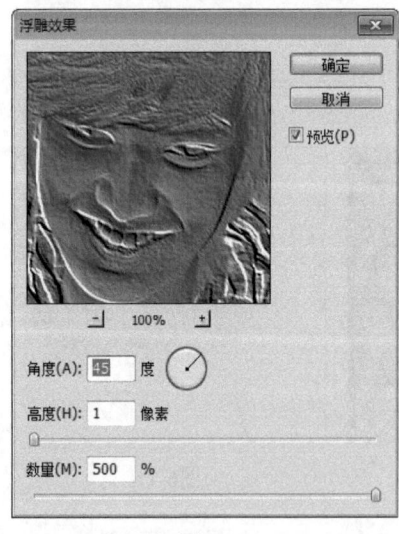  

图6-15　　　　　　　　　　图6-16　　　　　　　　　　图6-17

5. 扩散

"扩散"滤镜可使像素按设定的模式随机移动，形成一种透过磨砂玻璃观察图像的离散模糊效果。该滤镜的对话框包括"正常""变暗优先""变亮优先""各向异性"4种模式，如图6-18所示。应用该滤镜前后的效果分别如图6-19和图6-20所示。

⚠ 提示：若选择"正常"选项，扩散效果对整幅图像起作用；若选择"变暗优先"选项，扩散效果在图像的较暗区域中起的作用较明显；若选择"变亮优先"选项，扩散效果在图像的较亮区域中起的作用较明显；若选择"各向异性"选项，将柔和地表现图像。

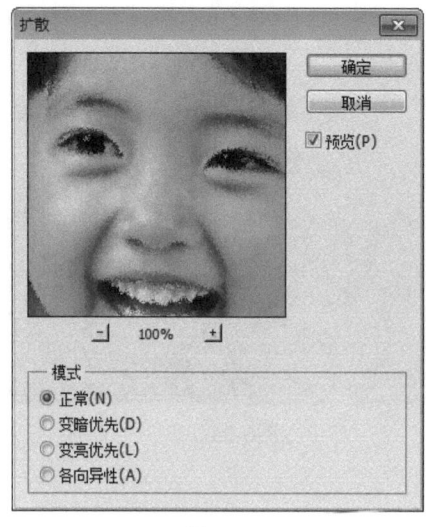
图6-18

图6-19

图6-20

6. 拼贴

"拼贴"滤镜用于将原图像拆分成多块，从而产生一种类似瓷砖的拼贴效果。其中，各拼贴块之间会产生一定的空隙，空隙中的图像内容可自由设置。

在如图6-21所示的"拼贴"对话框中，"拼贴数"选项用于设置图像在高度上分割的数量；"最大位移"选项用于设置拼贴块移动位置的最大距离是宽度的百分之几；"填充空白区域用"选项区用于设置拼贴块移动后空白区域图像填充的方法：选择"背景色"选项将使用背景色填充空白区域；选择"前景颜色"选项则使用前景色填充空白区域；选择"反向图像"选项，使用原图像的负像填充空白区域；选择"未改变的图像"选项，将以原图像填充空白区域。应用该滤镜前后的效果分别如图6-22和图6-23所示。

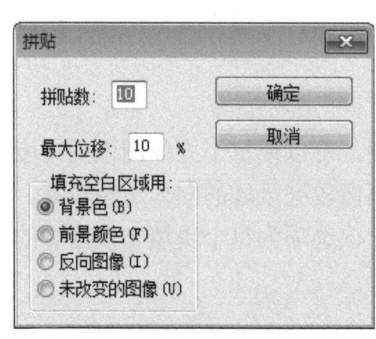
图6-21

图6-22

图6-23

7. 曝光过度

"曝光过度"滤镜可用于混合负片和正片图像，与冲洗照片过程中加强曝光的效果类似，应用该滤镜前后的效果分别如图6-24和图6-25所示。需要说明的是，该滤镜没有可供手动设置的参数。

图6-24

图6-25

8. 凸出

"凸出"滤镜用于使原图像产生一系列块状或3D纹理效果，即将图像分成一系列大小相同但随机重叠放置的立方体。可以利用"凸出"对话框中的选项对凸出效果进行精确设置，如图6-26所示。应用该滤镜前后的效果分别如图6-27和图6-28所示。

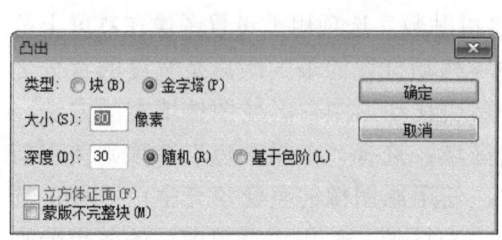
图6-26

图6-27

图6-28

该对话框中各选项含义如下。

- 类型：设置生成立体图像的造型。选择"块"选项，将生成立方体造型；选择"金字塔"选项，将生成锥体造型。
- 大小：设置立体图像的大小。
- 深度：设置立体图像的高度。选择"随机"选项，可以使每个立体图像的高度都发生变化；选择"基于色阶"选项，则只有图像较亮区域的立体造型较高。
- 立方体正面：该选项只有生成立方体时才有效。该选项为每个块填充该区域的平均色。
- 蒙版不完整块：删除不完整的立体图像。

9. 照亮边缘

"照亮边缘"滤镜用于勾绘颜色的边缘,加强其过渡像素,以产生轮廓发光的效果。在"照亮边缘"对话框中,"边缘宽度"选项用于设置边缘线条的宽度;"边缘亮度"选项用于设置边缘线条的亮度;"平滑度"选项的数值越大,表现出的线条越平滑。原图像及应用该滤镜的预览效果分别如图6-29和图6-30所示。

图6-29

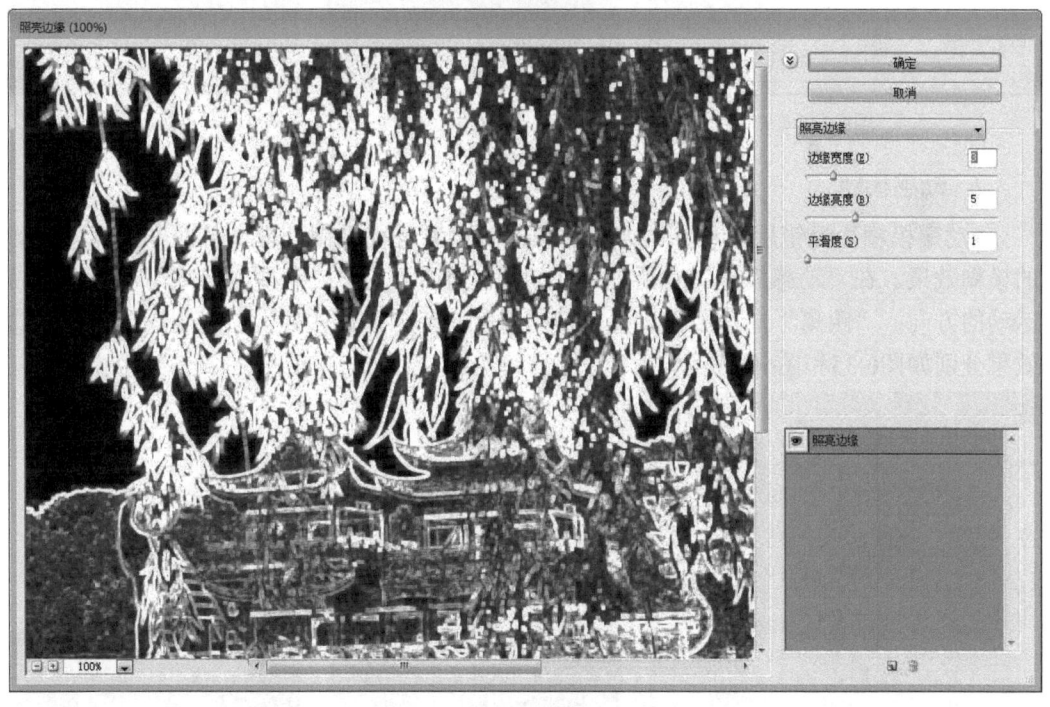

图6-30

6.3.2 "模糊"滤镜组

在图像中应用"模糊"滤镜组,可以使图像效果更加柔和。该滤镜可用于调整边缘过于清晰或对比度过于强烈的图像等。下面对各模糊滤镜进行介绍。

1. 表面模糊

"表面模糊"滤镜在保留边缘的同时模糊图像，可用于创建特殊效果并消除杂色或颗粒。

执行"滤镜"→"模糊"→"表面模糊"命令，打开"表面模糊"对话框（如图6-31所示）。其中，"半径"选项用于指定模糊取样区域的大小；"阈值"选项用于控制相邻像素色调值与中心像素色调值相差多少时才能成为模糊的一部分，色调值差小于阈值的像素不会被模糊。应用该滤镜前后的效果分别如图6-32和图6-33所示。

图6-31　　　　　　　　图6-32　　　　　　　　图6-33

2. 动感模糊

"动感模糊"滤镜用于从某一方向对图像的像素进行模糊处理，从而产生高速运动的模糊效果。在"动感模糊"对话框中（如图6-34所示），"角度"选项用于设置模糊运动的方向；"距离"选项用于设置模糊的强度（范围为1~999）。应用该滤镜前后的效果分别如图6-35和图6-36所示。

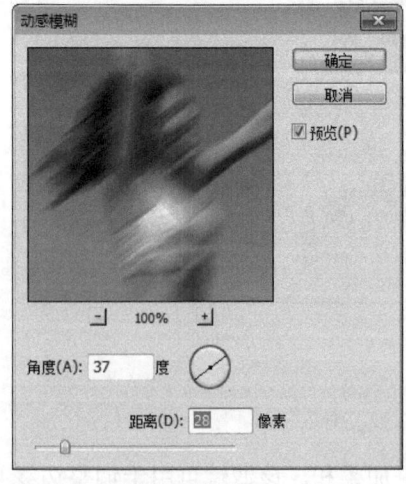

图6-34　　　　　　　　图6-35　　　　　　　　图6-36

3. 方框模糊

"方框模糊"滤镜基于相邻像素的平均颜色值来模糊图像。打开"方框模糊"对话框（如图6-37所示），其中，"半径"选项用于计算给定像素平均值的区域大小，数值越大，产生的模糊效果越明显。应用该滤镜前后的效果分别如图6-38和图6-39所示。

图6-37　　　　　　　　图6-38　　　　　　　　图6-39

4. 高斯模糊

"高斯模糊"滤镜是最常用的滤镜之一。它是利用高斯曲线的分布模式，有选择地模糊图像，以产生朦胧的效果。在"高斯模糊"对话框中（如图6-40所示），"半径"选项用于控制图像的模糊程度。应用该滤镜前后的效果分别如图6-41和图6-42所示。

图6-40　　　　　　　　图6-41　　　　　　　　图6-42

5. 模糊和进一步模糊

"模糊"滤镜用于产生一种轻微的模糊效果，使图像变得柔和。它的模糊效果是固定的，可以用来消除杂色。"进一步模糊"滤镜的模糊程度大约是"模糊"滤镜的3～4倍，也是一种固定的模糊效果，没有选项控制。同一原图像应用"模糊"滤镜与"进一步模糊"滤镜的效果分别如图6-43和图6-44所示。

图6-43　　　　　　　　　　　图6-44

6. 径向模糊

"径向模糊"滤镜用于模拟移动相机或旋转相机后所产生的模糊效果。其中，包括"旋转"和"缩放"两种模糊方法，分别用于产生旋转模糊效果和放射状模糊效果。在"径向模糊"对话框中（如图6-45所示），"数量"选项用于设置模糊的强度，数值越大，模糊效果越强烈；"品质"选项区用于设置模糊效果的质量，需要注意的是，模糊效果的质量越高，处理的速度就越慢。"旋转"模糊方法的效果类似于拍摄高速旋转物体的照片效果，应用该模糊方法前后的效果分别如图6-46和图6-47所示。

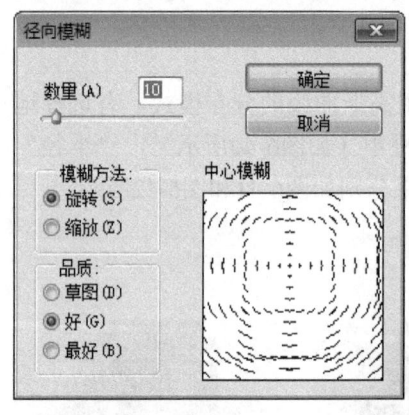  

图6-45　　　　　　　图6-46　　　　　　图6-47

7. 镜头模糊

"镜头模糊"滤镜用于模拟各种镜头由于景深所产生的模糊效果，即图像中的某些区域模糊，而其他区域仍然清晰。应用该滤镜前后的效果分别如图6-48和图6-49所示。

图6-48

图6-49

在"镜头模糊"对话框中,主要选项的含义如下。

- 更快:用于提高预览速度,但只能显示应用滤镜后的大致效果。
- 更加准确:选择该选项后,需要的更新时间较长,但可查看应用滤镜的最终效果。
- 深度映射:用于设置模糊的区域。在"源"下拉列表框中选择需要使用的源。"模糊焦距"选项用于设置位于焦点内的像素的深度。选中"反相"复选框,将反转模糊区域。
- 光圈:用于表现类似虹膜的模糊效果。在"形状"下拉列表框中可以设置使用光圈的形状;"半径"选项用于设置模糊的程度;"叶片弯度"选项的数值越大,光圈的边缘越圆滑;"旋转"选项用于调整光圈的角度。
- 镜面高光:用于调整高光的反射程度。"亮度"选项用于设置镜面高光的亮度,"阈值"选项用于设置镜面高光的范围。
- 杂色:用于为图像添加杂点。"数量"选项的数值用于决定添加杂点的数量;选择"高斯分布"选项比选择"平均"选项得到的杂点效果更为随机;选中"单色"复选框,将添加灰色的杂点。

8. 平均

"平均"滤镜主要用于查找图像中某个选区或整幅图像的均衡颜色,然后使用这种颜色填充整幅图像或者整个选区。该滤镜没有对话框,直接执行该命令,即可得到模糊效果。应用该滤镜前后的效果分别如图6-50和图6-51所示。

图6-50　　　　　　　　　　　　　　　　图6-51

9. 特殊模糊

"特殊模糊"滤镜用于精确模糊图像,可以指定"半径""阈值""品质""模式",是唯一不模糊图像轮廓的模糊方式。在"特殊模糊"对话框中(如图6-52所示),"半径"选项的数值越大,应用模糊的像素越多;"阈值"选项用于设置应用在相似颜色中的模糊范围。应用该滤镜前后的效果分别如图6-53和图6-54所示。

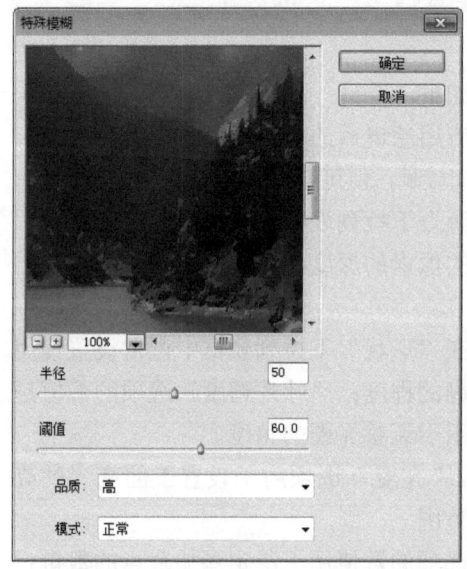  

图6-52　　　　　　　　　图6-53　　　　　　　图6-54

10. 形状模糊

"形状模糊"滤镜用于使用特定的形状来创建模糊效果。打开"形状模糊"对话框,在"半径"数值框中可以调整应用形状的大小,进而调整图像的模糊程度;在对话框的下方可以选择要使用的形状,如图6-55所示。对原图像(图6-56所示)应用"草2"图形的模糊效果如图6-57所示。

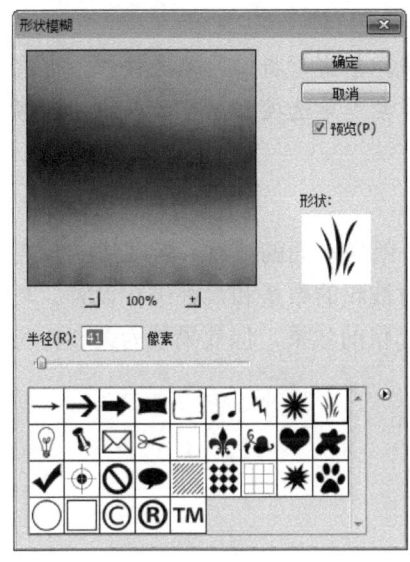  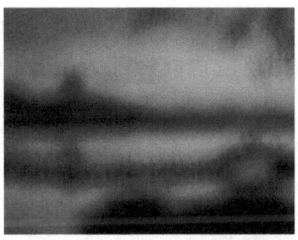

图6-55　　　　　　　　　图6-56　　　　　　　　　图6-57

6.3.3 "扭曲"滤镜组

使用"扭曲"滤镜组中的滤镜可将图像进行几何扭曲，创建3D图像或其他扭曲变形效果。下面详细介绍各扭曲滤镜。

1. 波浪

"波浪"滤镜用于使图像产生波纹强烈起伏的效果。执行"滤镜"→"扭曲"→"波浪"命令，打开如图6-58所示的"波浪"对话框，从中可以进行自定义设置。应用该滤镜前后的效果分别如图6-59和图6-60所示。

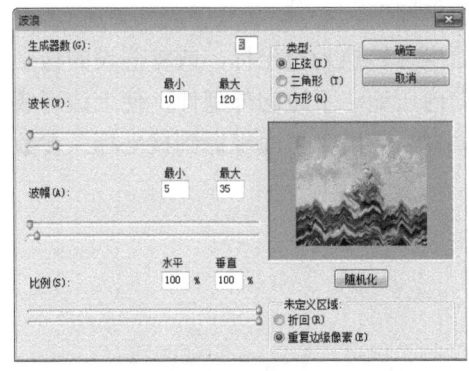  

图6-58　　　　　　　　　图6-59　　　　　　　　　图6-60

提示："波浪"对话框中各选项的含义如下。
- 生成器数：设置产生波纹效果的震源总数，其范围是1～999。
- 波长：设置两个波峰的水平距离，其中最小波长不能超过最大波长。
- 波幅：设置最大和最小波幅，其中最小波幅不能超过最大波幅。
- 比例：控制水平和垂直方向的波动幅度。

- 类型：设置波浪的形状，包括正弦、三角形和方形3种。
- 未定义区域：设置处理图像中出现的空白区域。单击"折回"单选按钮，可在空白区域填入溢出的内容；单击"重复边缘像素"单选按钮，可填入扭曲边缘像素的颜色。

2. 波纹

"波纹"滤镜用于在选区中创建波状起伏的图案，就像水面的波纹。若要进一步控制效果，可以在"波纹"对话框（如图6-61所示）中对波纹的数量和大小进行设置。与"波浪"滤镜相似，"波纹"滤镜同样可以产生波纹起伏的效果，但效果较为柔和。应用该滤镜前后的效果分别如图6-62和图6-63所示。

图6-61

图6-62

图6-63

3. 极坐标

打开如图6-64所示的"极坐标"对话框，可以看到"极坐标"滤镜包含两个参数，一是"平面坐标到极坐标"，二是"极坐标到平面坐标"。

应用"极坐标"滤镜可以将图形中假设的平面坐标转换为极坐标，或将假设的极坐标转换为平面坐标。其中，前者是将矩形的上边向内压缩，下边向外延伸，使上边形成圆心部分，下边形成圆周部分，从而使图形畸形失真。应用"平面坐标到极坐标"参数前后的效果分别如图6-65和图6-66所示。

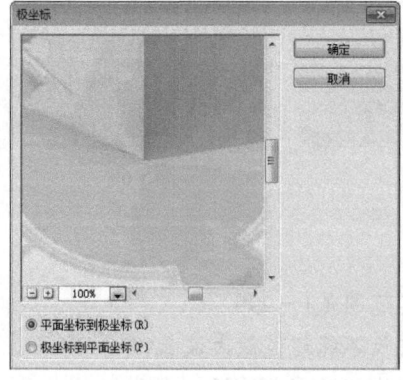
图6-64

图6-65

图6-66

4. 挤压

"挤压"滤镜用于使图像产生向内或向外的挤压效果。在"挤压"对话框中,通过设置"数量"选项来改变挤压效果,如图6-67所示。应用该滤镜前后的效果分别如图6-68和图6-69所示。

图6-67　　　　　　　　　　图6-68　　　　　　　　　图6-69

5. 切变

"切变"滤镜用于沿一条曲线扭曲图像,通过拖移框中线条上的任意控制点来指定曲线,如图6-70所示。应用该滤镜前后的效果分别如图6-71和图6-72所示。

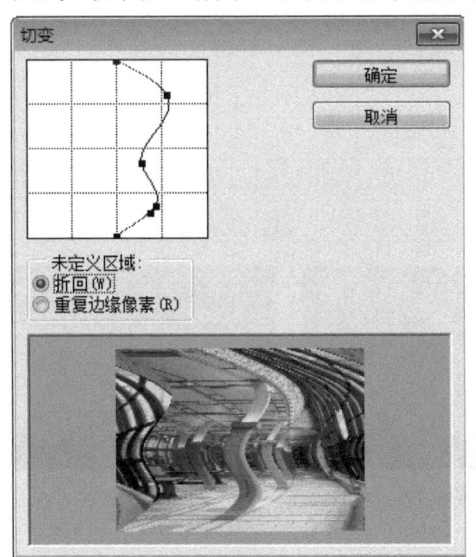

图6-70　　　　　　　　　　图6-71　　　　　　　　　图6-72

6. 球面化

"球面化"滤镜用于使图像区域膨胀以形成类似将图像贴在球体或圆柱体表面的效果。在"球面化"对话框中(如图6-73所示),"数量"选项用于设置挤压程度;"模式"选项用于控制挤压方式,包括"正常""水平优先""垂直优先"。应用该滤镜前后的效果分别如图6-74和图6-75所示。

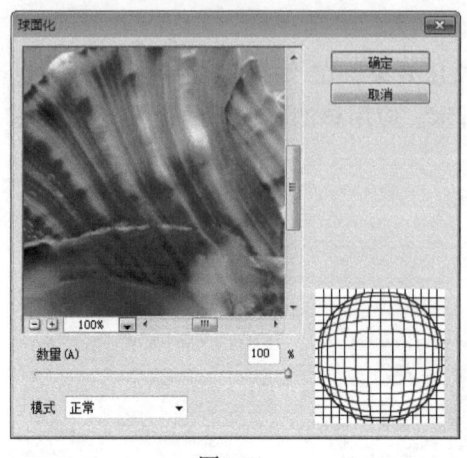
图6-73

图6-74

图6-75

7. 水波

"水波"滤镜用于模拟水面上荡起的涟漪效果。在"水波"对话框中（如图6-76所示），"数量"选项用于设置波纹的大小，其范围是-100～100；"起伏"选项用于设置波纹的数量，其范围是0～20；"样式"选项用于设置波纹产生的方式，包括"水池波纹""围绕中心""从中心向外"。应用该滤镜前后的效果分别如图6-77和图6-78所示。

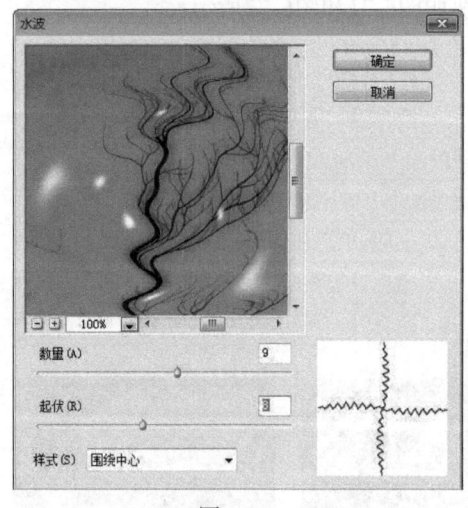
图6-76

图6-77

图6-78

8. 旋转扭曲

"旋转扭曲"滤镜用于使图像产生螺旋效果，其中心是选区或整个图像的中心，并且中心的旋转程度比边缘的旋转程度大。在"旋转扭曲"对话框中（如图6-79所示），"角度"数值为正时，图像顺时针扭曲；数值为负时，图像逆时针扭曲。应用该滤镜前后的效果分别如图6-80和图6-81所示。

9. 置换

"置换"滤镜用于根据置换图中像素的不同色调值对图像进行变形，从而使图像产生不定方向的变形效果。执行"滤镜"→"扭曲"→"置换"命令，打开如图6-82所示的"置换"对话框。设置完成后，单击"确定"按钮，弹出"选择一个置换图"对话框，选择PSD文件，单击"打开"按钮即可。应用该滤镜前后的效果分别如图6-83和图6-84所示。

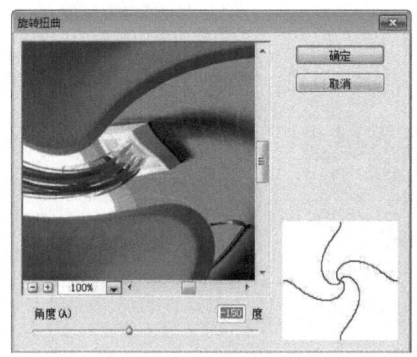

图6-79

图6-80

图6-81

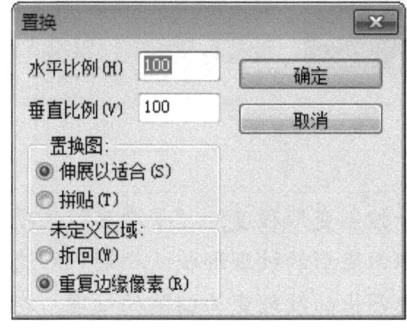

图6-82

图6-83

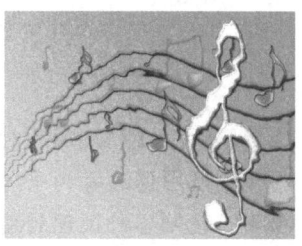

图6-84

10. 玻璃

"玻璃"滤镜用于使一幅图像产生透过不同的玻璃看到的效果。执行"滤镜"→"滤镜库"命令，在打开的对话框中选择"扭曲"滤镜组中的"玻璃"滤镜，可以通过右侧面板中的选项进行设置。原图像及应用"玻璃"滤镜的预览效果分别如图6-85和图6-86所示。

图6-85

图6-86

> 提示：在"玻璃"对话框中，"扭曲度"选项用于控制变形程度；"平滑度"选项用于控制图像边缘的平滑度；"纹理"选项用于控制扭曲变形的纹理形状；"缩放"选项用于控制各种纹理的缩放比例；"反相"选项用于使凸出的纹理变为凹陷的纹理。在预览区可以看到图像应用"玻璃"滤镜的效果。

11. 海洋波纹

"海洋波纹"滤镜用于使图像产生一层水波纹，就像透过水面去看一样。在其对话框中，各选项的含义为："波纹大小"数值越大，图像的波动越明显；"波纹幅度"数值增大，波纹的数量也逐渐增多，图形变化增强。原图像及应用"海洋波纹"滤镜的预览效果分别如图6-87和图6-88所示。

图6-87

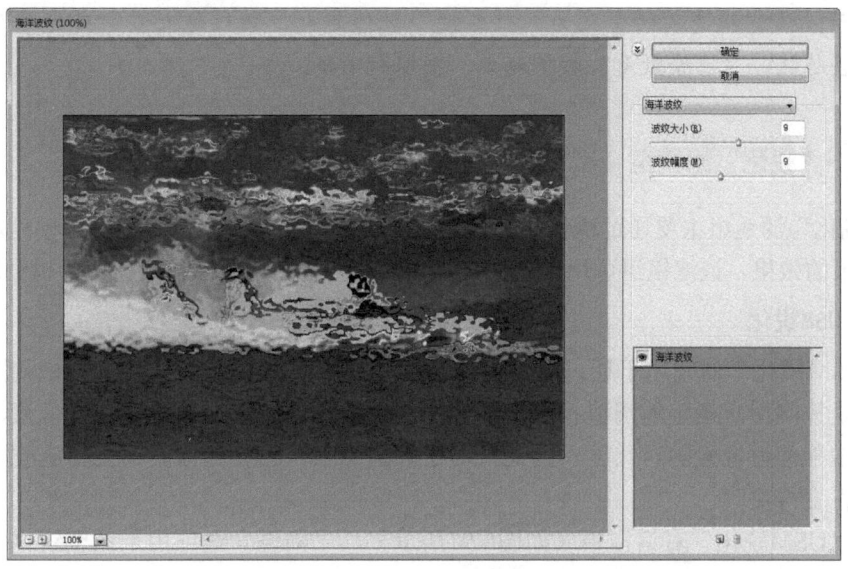

图6-88

12. 扩散亮光

"扩散亮光"滤镜用于制造一种光线漫射的效果,其颜色由工具箱中的背景色确定,强度随着远离亮调中心而减弱,可以在图像中加入白色,形成光芒四射的效果。原图像及应用"扩散亮光"滤镜的预览效果分别如图6-89和图6-90所示。

图6-89

图6-90

> 提示：该滤镜选项的含义为："粒度"数值越大，颗粒越大；"发光量"数值越大，光芒越强；"清除数量"数值越大，图像越清晰。

6.3.4 "锐化"滤镜组

"锐化"滤镜组主要通过增强相邻像素间的对比度来减弱或消除图像的模糊现象，以得到清晰的效果。该滤镜组可用于处理摄影作品及扫描图片等图像中产生的模糊现象。

1. USM锐化

"USM锐化"滤镜用于通过增加图像边缘的对比度来锐化图像，它不检测图像的边缘，而是按照用户指定的阈值找到与邻近像素不同的像素，从而确定边缘像素，并按指定的量增强邻近像素的对比度。因此，对于邻近像素，较亮的像素将变得更亮，而较暗的像素将变得更暗。

在"USM锐化"对话框中（如图6-91所示），"数量"选项用于调整锐化的程度，数值越大，锐化越明显；"半径"选项用于设置像素的平均范围；"阈值"选项用于设置应用在平均颜色上的范围。应用该滤镜前后的效果分别如图6-92和图6-93所示。

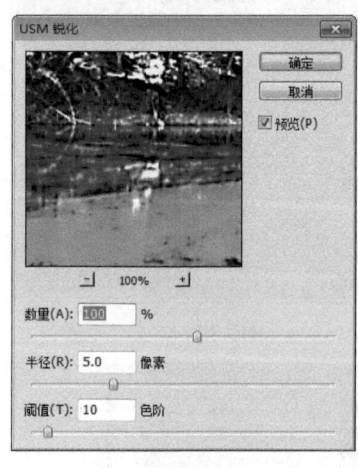
图6-91

图6-92

图6-93

2. 进一步锐化

"进一步锐化"滤镜用于产生强烈的锐化效果，使图像更加清晰，其锐化程度比"锐化"滤镜强。该滤镜没有对话框，直接执行该滤镜命令即可。应用该滤镜前后的效果分别如图6-94和图6-95所示。

图6-94

图6-95

3. 锐化

"锐化"滤镜用于增加相邻像素间的对比度，使图像更加清晰。该滤镜的锐化程度很轻微，如果想得到较为明显的锐化效果，可以使用"进一步锐化"滤镜。该滤镜没有对话框，直接执行该滤镜命令即可。应用该滤镜前后的效果分别如图6-96和图6-97所示。

图6-96　　　　　　　　　　　　图6-97

4. 锐化边缘

"锐化边缘"滤镜用于对图像的轮廓进行锐化，使不同颜色之间的分界变得明显，即在颜色变化较大的色块边缘锐化，这样不仅可以得到较清晰的效果，还能保持图像整体的平滑度。该滤镜也没有对话框，直接执行该滤镜命令即可。应用该滤镜前后的效果分别如图6-98和图6-99所示。

图6-98　　　　　　　　　　　　图6-99

5. 智能锐化

应用"智能锐化"滤镜可以设置锐化算法，以获得更好的边缘检测并减少锐化晕圈，或控制阴影和高光区域的锐化程度。在如图6-100所示的对话框中可以进行自定义设置。应用该滤镜前后的效果分别如图6-101和图6-102所示。

图6-100

图6-101　　　　　　　　　图6-102

> 提示：在"智能锐化"对话框中，主要选项的含义如下。

- 数量：用于设置锐化量。数值较大时，会增强边缘像素之间的对比度，看起来更加锐利。
- 半径：用于确定边缘像素周围受锐化影响的像素数量。数值越大，受影响的边缘就越宽，锐化效果也就越明显。
- 移去：用于设置对图像进行锐化的锐化算法。
- 更加准确：用于更精确地移去模糊效果，但处理文件的时间会更长。
- 高级：单击"高级"单选按钮，可显示"阴影"选项卡和"高光"选项卡。其中，"渐隐量"选项用于调整阴影/高光区域中锐化的程度；"色调宽度"选项用于设置阴影/高光色调的范围；"半径"选项用于设置"色调宽度"选项影响的范围。
- 其他按钮：单击"设置"右侧的"存储当前设置的拷贝"按钮，可以存储当前设置；单击"删除当前设置"按钮，可以将存储的设置删除。

6.3.5 "视频"滤镜组

"视频"滤镜组属于Photoshop的外部接口程序，主要用于将色域限制为电视画面可以重现的颜色范围。该滤镜组包括"NTSC颜色"和"逐行"两种滤镜。这两种滤镜都可用于制作视频中静止图像的帧。

1. NTSC颜色

该滤镜用于调整图像的色域，使之适合NTSC视频标准。这主要是因为计算机屏幕上显示的RGB图像是不能直接在电视上显示的，而使用"NTSC颜色"滤镜可以限制色域，使图像的颜色成为电视可接收的颜色。

2. 逐行

该滤镜用于消除视频图像中的奇数行或偶数行，使图像变得更加平滑。使用该滤镜时，会打开"逐行"对话框（如图6-103所示）。其中，"消除"选项区中的选项用于选择删除图像中的奇数还是偶数隔行线；"创建新场方式"选项区中的选项用于设置删除隔行线后空白区域的填充方式。

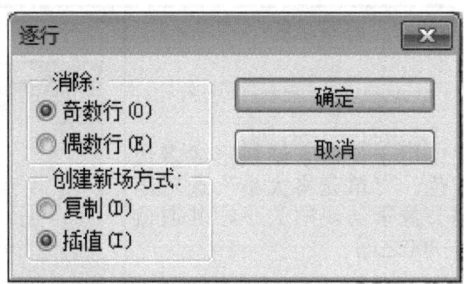

图6-103

6.3.6 "像素化"滤镜组

"像素化"滤镜组用于通过使单元格中颜色值相近的像素结成色块，从而得到像素化的图像效果。该滤镜组中包含"彩块化""彩色半调""点状化""晶格化""马赛克""碎片""铜版雕刻"7种滤镜效果。

"像素化"滤镜组的应用效果如表6-1所示。

表6-1

序号	滤镜名称	滤镜功能	应用效果
1	彩块化	该滤镜用于使纯色或相近颜色的像素结成像素块，使图像看起来像是手绘效果。该滤镜没有对话框，执行命令即可应用其效果	
2	彩色半调	该滤镜用于模拟在图像的每个通道中使用放大的半调网屏的效果。对于每个通道，滤镜将图像划分成小矩形，并用圆形替换每个矩形。圆形的大小与矩形的亮度成正比例	
3	点状化	该滤镜用于使图像中的颜色分解为随机分布的网点，与点彩绘画一样，并使用背景色填充网点之间的画布区域。其中，"单元格大小"选项用于控制像素结块的大小	

续表

序号	滤镜名称	滤镜功能	应用效果
4	晶格化	该滤镜用于使像素结块形成多边形纯色。"单元格大小"选项用于调节像素结块的大小,其取值为3~300之间	
5	马赛克	该滤镜用于模拟马赛克拼贴的效果,是根据图像的变化使用某种颜色,而不是根据图像本身的颜色填充每一个拼贴块,这就是与"纹理"滤镜组中"马赛克拼贴"滤镜的不同	
6	碎片	该滤镜用于将所建选区或整幅图像复制4个副本,并将其均匀分布、相互偏移,以得到重影效果。该滤镜没有对话框,执行命令后即可应用	
7	铜版雕刻	该滤镜用于在图像中随机产生各种不规则直线、曲线和虫孔斑点,以模拟时间久远的金属效果。右图选择的雕刻类型为"短直线"。若当前图像为灰度图像,则得到的是黑白图像;若为彩色图像,则先对每个色彩通道分别进行处理,再进行合成,在处理过程中各通道都应用灰度图,整体图像的色彩效果降低	

6.3.7 "渲染"滤镜组

"渲染"滤镜组能够在图像中产生光线照明的效果,通过该滤镜组,还可以制作云彩效果。"渲染"滤镜组提供了"分层云彩""光照效果""镜头光晕""纤维""云彩"5种滤镜,下面进行介绍。

1. 分层云彩

"分层云彩"滤镜用于将应用"云彩"滤镜后的图像进行反白处理。该滤镜没有对话框，直接执行该滤镜命令即可。应用该滤镜前后的效果分别如图6-104和图6-105所示。

图6-104　　　　　　　　　　　　　　　　图6-105

2. 镜头光晕

"镜头光晕"滤镜用于模拟亮光照在摄影机镜头上产生的反射效果。在该滤镜的对话框中（如图6-106所示），"光晕中心"预览区用于调整光晕中心的位置，用鼠标指针拖动预览框中的十字光标，即可改变光晕中心的位置；"亮度"选项用于设置光线的亮度，取值范围为10%～300%；"镜头类型"选项区用于设置摄影机镜头的类型。原图像及"镜头光晕"滤镜的应用效果分别如图6-107和图6-108所示。

图6-106　　　　　　　　图6-107　　　　　　　　图6-108

3. 纤维

"纤维"滤镜使用前景色和背景色创建机织纤维效果。设置不同颜色的前景色和背景色，可得到不同颜色的纤维效果。在应用该滤镜效果时，可以在"纤维"对话框中（如图6-109所示）进行自定义设置。应用该滤镜前后的效果分别如图6-110和图6-111所示。

提示：　"纤维"对话框中各选项的含义如下。

- 差异：用于调整前景色和背景色的对比度。数值越小，产生的纹理长度越长，而较大的数值会产生非常短并且颜色分布变化更多的纹理。

- 强度：用于调整纤维纹理的外观。数值越大，纤维的纹理越细。
- 随机化：单击该按钮，可以随机设置纤维图案。

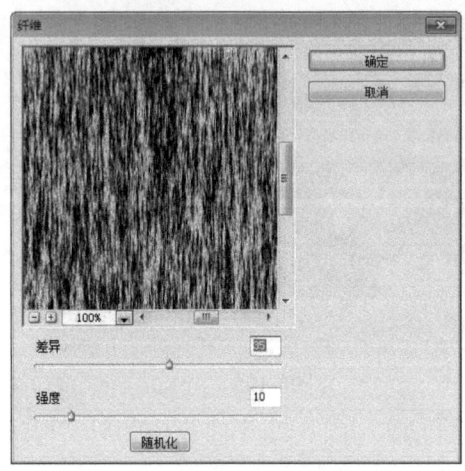
图6-109

图6-110

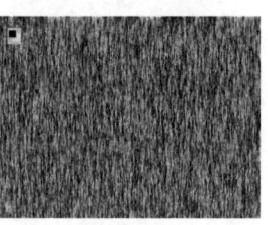
图6-111

4. 云彩

"云彩"滤镜用于根据前景色和背景色之间的随机像素将图像转换为柔和的云彩效果。该滤镜没有对话框，直接执行该滤镜命令即可。应用该滤镜前后的效果分别如图6-112和图6-113所示。

图6-112

图6-113

5. 光照效果

"光照效果"滤镜用于模拟不同的灯光，使图像产生光照效果，通过对"光源""颜色""聚光""着色""光泽""金属质感"等参数的设定来实现三维绘图的效果。

6.3.8 "杂色"滤镜组

"杂色"滤镜组包括5种滤镜，用于为图像添加杂点，以产生色彩漫散的效果，也可用于去除图像中的杂点，如通过扫描输入的图像的斑点和折痕。下面分别介绍各种滤镜产生的不同效果。

1. 减少杂色

图像中的杂色显示为随机的无关像素，这些像素不是图像细节的一部分。扫描得到的图像可能有由扫描传感器导致的图像杂色。数码摄影中使用很高的感光度（ISO）设置、曝光不足，或者用较慢的快门速度在黑暗环境中拍摄，都有可能会出现杂色。

该滤镜用于减少数字图像的杂色、JPEG不自然感及扫描的胶片颗粒。原图像及应用该滤镜的预览效果分别如图6-114和图6-115所示。

图6-114　　　　　　　　　　　　　　　　图6-115

提示：图像杂色可能会以两种形式出现。一是亮度（灰度）杂色，这些杂色使图像看起来斑斑驳驳；二是颜色杂色，这些杂色通常看起来像是图像中的彩色伪像。亮度杂色在图像的某个通道（通常是蓝色通道）中可能更加明显。

2. 去斑

"去斑"滤镜用于检测图像的边缘（发生显著颜色变化的区域）并模糊去除边缘外的所有图像。这种模糊可移去杂色，同时保留细节。利用该滤镜去除细小、轻微的杂点非常有效，如扫描照片中的网点，一般可使用该滤镜快速去除。若要去除较粗的杂点，则不适宜使用该滤镜。

该滤镜无对话框，不能进行参数控制。使用过一次该滤镜后，可以按Ctrl+F组合键重复使用该滤镜以达到预期效果（该操作也适用于其他滤镜）。应用该滤镜前后的效果分别如图6-116和图6-117所示。

图6-116　　　　　　　　　　　　　　　　图6-117

3. 蒙尘与划痕

"蒙尘与划痕"滤镜用于通过更改相异的像素以减少杂色。为了在锐化图像和隐藏瑕疵之间取得平衡,可尝试"半径"与"阈值"设置的各种组合,或者在图像的选区中应用此滤镜。执行"滤镜"→"杂色"→"蒙尘与划痕"命令,打开如图6-118所示的对话框。根据需要进行设置,应用该滤镜前后的效果分别如图6-119和图6-120所示。

图6-118　　　　　　　　图6-119　　　　　　　图6-120

> 提示:在"蒙尘与划痕"对话框中,"半径"选项用于设置以多大半径的缺陷来融合图像,数值越大,则模糊程度越强;"阈值"选项用于决定正常像素与杂色之间的差异,数值越大,去除杂点的效果越弱。

4. 添加杂色

"添加杂色"滤镜用于将随机像素应用于图像,以模拟使用高速胶片拍摄的效果。"添加杂色"滤镜也可用于减少羽化选区或渐变填充中的色带,或者使经过重大修饰的区域看起来更真实。

执行"滤镜"→"杂色"→"添加杂色"命令,打开如图6-121所示的"添加杂色"对话框。在该对话框中,"平均分布"选项用于根据随机数值(0加上或减去指定值)分布杂色的颜色值,以获得精确效果;"高斯分布"选项用于沿一条钟形曲线分布杂色的颜色值,以获得如斑点般散布的效果。选中"单色"复选框,则此滤镜只应用于图像中的色调元素,而不改变颜色。应用该滤镜前后的效果分别如图6-122和图6-123所示。

5. 中间值

该滤镜用于通过混合选区中像素的亮度来减少图像的杂色,在消除或减少图像的动感效果时非常有用。在"中间值"对话框中(如图6-124所示),只有一个"半径"选项,其数值越大,滤镜效果越明显。应用该滤镜前后的效果分别如图6-125和图6-126所示。

图6-121　　　　　　　　　图6-122　　　　　　　　　图6-123

图6-124　　　　　　　　　图6-125　　　　　　　　　图6-126

6.3.9 "其它"滤镜组

Photoshop CS6还提供了一些具有特殊效果的滤镜，即高反差保留、位移、自定、最大值和最小值。

1. 高反差保留

该滤镜用于在具有强烈颜色转变的地方按指定的半径保留边缘细节，并隐藏图像的其他部分。在"高反差保留"对话框（如图6-127所示）中，"半径"选项用于设置保留边缘的范围。此滤镜可移去图像中的低频细节，其效果与"高斯模糊"滤镜相反。应用该滤镜前后的效果分别如图6-128和图6-129所示。

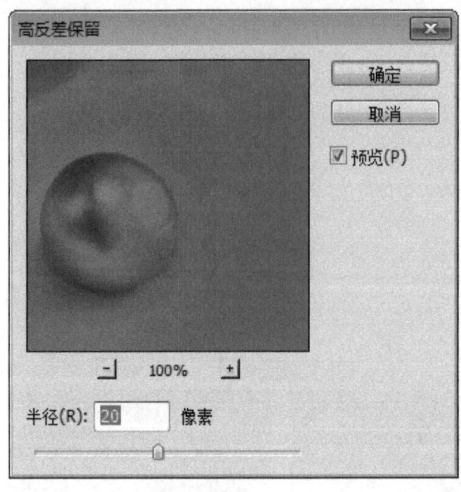
图6-127

图6-128

图6-129

2. 位移

该滤镜用于使整个图像或选区按指定的水平或垂直距离进行移动。用户可以使用背景色或延展的边缘像素填充图像移动后空出的区域；如果选择"折回"选项，图像移动后空出的区域由图像的另一侧内容进行填充。在"位移"对话框（如图6-130所示）中，可以根据需要进行设置，应用该滤镜前后的效果分别如图6-131和图6-132所示。

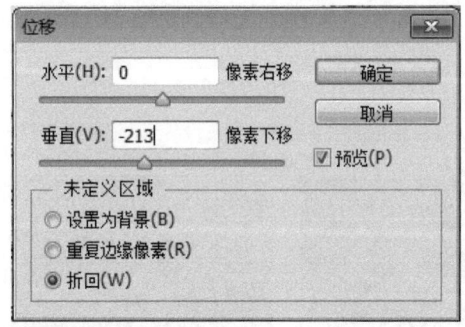
图6-130

图6-131

图6-132

提示：在"位移"对话框中，"水平"选项用于横向移动图像；而"垂直"选项用于纵向移动图像；在"未定义区域"选项区可以设置空白区域的表现方式。

3. 自定

"自定"滤镜用于创建自定义滤镜，如创建清晰化、模糊及浮雕等效果的滤镜。它根据预定义的数学运算（称为卷积）更改图像中每个像素的亮度值，与通道的加、减计算类似。该滤镜的对话框中有一个5×5的矩阵，中心数值表示图像中任意像素加亮的倍数，其他数值表示该像素邻近像素加亮的倍数，其取值范围为－999～999。在其中输入合适的数值，可以改变图像的整体色调。原图像及应用该滤镜的预览效果分别如图6-133和图6-134所示。

图6-133

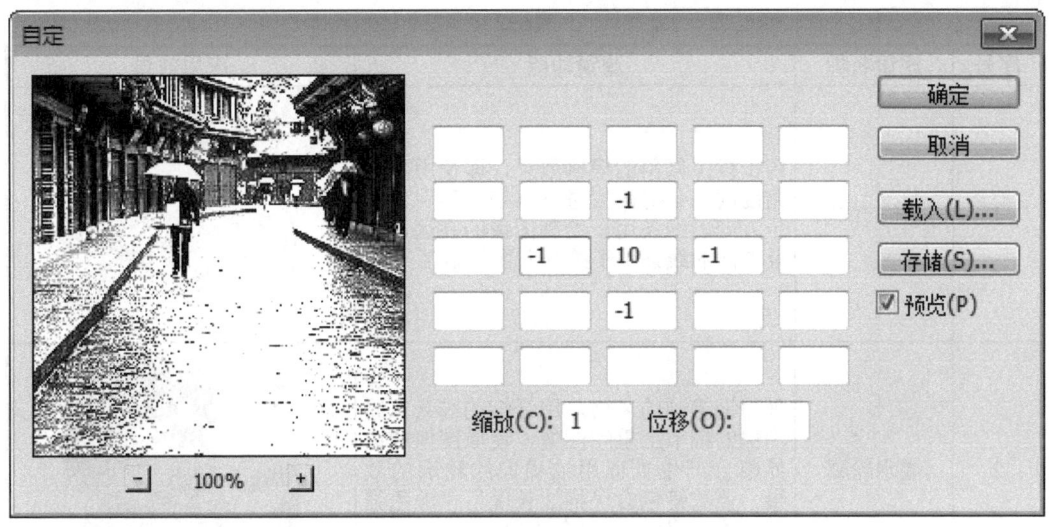

图6-134

> 提示：在"自定"对话框中，"缩放"选项用于去除计算中包含的像素的亮度总和；"位移"选项用于设置要与缩放计算结果相加的值。

4. 最大值与最小值

这两种滤镜对于修改蒙版非常有用。"最大值"滤镜用于收缩图像中的黑暗区域，放大明亮区域；"最小值"滤镜则与其相反，用于放大图像中的黑暗区域，缩小明亮区域。它们都只有"半径"选项，用于调整提亮/加暗区域的范围。原图像、应用"最大值"滤镜的效果、应用"最小值"滤镜的效果分别如图6-135～图6-137所示。

图6-135　　　　　　　　图6-136　　　　　　　　图6-137

6.3.10 "画笔描边"滤镜组

"画笔描边"滤镜组用于模拟不同的笔刷和油墨来为图像描边，从而产生一种涂抹的油墨画效果。该滤镜组包括"成角的线条""墨水轮廓""喷溅""喷色描边""强化的边缘""深色线条""烟灰墨""阴影线"等效果。

"画笔描边"滤镜组的应用效果如表6-2所示。

表6-2

序号	滤镜名称	滤镜功能	应用效果
1	成角的线条	用于模拟倾斜的笔刷效果，即使用两种角度的线条对图像进行修描。其中，一个方向的线条用于绘制图像的亮区，相反方向的线条用于绘制图像的暗区	
2	墨水轮廓	采用钢笔画的风格，用纤细的线条在原图像的细节上重绘图像，使原图像的边界部分产生类似用油墨勾绘轮廓的效果。该滤镜包含"描边长度""深色强度""光照强度"3个选项	
3	喷溅	用于为图像添加一种类似于笔墨喷溅的艺术效果。该滤镜包括两个选项，其中，"喷色半径"用于设置笔墨喷溅的范围，"平滑度"用于设置图像中墨点喷射的平滑程度	
4	喷色描边	使用带有角度的喷色线条的主导色重绘图像，可以设置"描边长度""喷色半径""描边方向"。其中，"描边方向"包括"水平""垂直""右对角线""左对角线"4种	
5	强化的边缘	用于强化图像的边缘。可以设置"边缘宽度""边缘亮度""平滑度"3个选项。"边缘亮度"的数值较大时，强化效果类似白色粉笔；"边缘亮度"的数值较小时，强化效果类似黑色油墨	
6	深色线条	用短而绷紧的深色线条绘制图像中接近黑色的深色区域，用长的白色线条绘制图像中的浅色区域，在图像中加入较强的黑色阴影。该滤镜包括"平衡""黑色强度""白色强度"3个选项	

续表

序号	滤镜名称	滤镜功能	应用效果
7	烟灰墨	以日本画的风格绘制图像，与用蘸满黑色油墨的湿画笔在宣纸上绘画的效果类似。该滤镜包括"描边宽度""描边压力""对比度"3个选项	
8	阴影线	在保留原图像细节和特征的基础上，模拟铅笔阴影线添加纹理，以粗糙化图像的效果。该滤镜包括"描边长度""锐化程度""强度"3个选项，其中，"强度"选项用于控制交叉网线的力度	

6.3.11 "素描"滤镜组

使用"素描"滤镜组可以为图像添加纹理以模拟素描、速写等艺术效果，也可以在图像中加入底纹而产生三维效果。需要注意的是，该滤镜组中的大多数滤镜在重绘图像时需要应用前景色和背景色，因此，前景色和背景色的设置对该组滤镜的效果起决定性作用。"素描"滤镜组的应用效果如表6-3所示。

表6-3

序号	滤镜名称	滤镜功能	应用效果
1	半调图案	用于在保持连续的色调范围的基础上，模拟半调网屏的效果。该滤镜的选项包括"大小""对比度""图案类型"3种	
2	便条纸	用于使图像呈现类似于浮雕的凹陷压印图案。该滤镜的选项包括"图像平衡""粒度""凸现"3种	

续表

序号	滤镜名称	滤镜功能	应用效果
3	粉笔和炭笔	用于模拟使用粉笔和炭笔重绘图像的高光和中间调，使用粗糙粉笔绘制纯中间调的灰色背景，阴影区域用黑色对角炭笔线条替换。炭笔用前景色绘制，粉笔用背景色绘制	
4	铬黄渐变	用于将图像处理成类似于磨光的铬的表面的效果。在反射表面上，高光是高点，暗调是低点。在其对话框中，"平滑度"用于调节光滑程度，数值越高，边缘像素的数量减少得越多	
5	绘图笔	用于使用细的、线状的油墨描边以获取原图像中的细节，多用于对扫描图像进行描边。此滤镜使用前景色作为油墨，使用背景色作为纸张，以替换原图像中的颜色。该滤镜的选项包括"描边长度""明/暗平衡""描边方向"3种	
6	基底凸现	用于使图像产生浅浮雕式的雕刻状表面，以及在光照下变化各异的效果。图像的深色使用前景色，浅色使用背景色。在其对话框中，"细节"选项用于设置图像细节的保留程度	
7	石膏效果	用于使图像呈现石膏画效果，并使用前景色和背景色上色，暗区凸起，亮区凹陷。该滤镜的选项包括"图像平衡""平滑度""光照"3种	
8	水彩画纸	用于使图像产生好像绘制在潮湿的纤维纸上的渗色涂抹效果，颜色溢出并混合，是"素描"滤镜组中唯一能大致保持原图像色彩的滤镜。该滤镜的选项包括"纤维长度""亮度""对比度"3种	

续表

序号	滤镜名称	滤镜功能	应用效果
9	撕边	用于模拟撕破的纸张效果，使用前景色与背景色为图像着色。对于由文字或高对比度对象组成的图像，应用效果尤为明显。该滤镜的选项包括"图像平衡""平滑度""对比度"3种	
10	炭笔	用于使图像产生色调分离的炭笔画涂抹效果，主要边缘以粗线条绘制，而中间色调用对角描边进行素描。炭笔使用前景色，纸张使用背景色。该滤镜的选项包括"炭笔粗细""细节""明/暗平衡"3种	
11	炭精笔	用于模拟图像中纯黑和纯白的炭精笔纹理效果。暗部区域使用前景色，亮部区域使用背景色。该滤镜的选项包括"前景色阶""背景色阶""缩放""凸现"等	
12	图章	用于简化图像，凸出主体，使之产生用橡皮或木制图章盖章的效果，对于黑白图像效果更佳。该滤镜的选项包括"明/暗平衡"和"平滑度"两种	
13	网状	用于模拟胶片药膜的可控收缩和扭曲的效果，从而使图像在暗调区域呈结块状，在高光区域呈轻微颗粒状。该滤镜的选项包括"浓度""前景色阶""背景色阶"3种	
14	影印	用于模拟影印图像的效果。大的暗部区域趋向于只复制边缘四周，而中间色调要么是纯黑色，要么是纯白色。该滤镜的选项包括"细节"和"暗度"两种	

6.3.12 "纹理"滤镜组

"纹理"滤镜组用于为图像添加深度感或材质感。该滤镜组中各滤镜的应用效果如表6-4所示。

表6-4

序号	滤镜名称	滤镜功能	应用效果
1	龟裂缝	用于模拟龟裂的效果。使用该滤镜,可以为包含多种颜色值或灰度值的图像创建浮雕效果。该滤镜包括"裂缝间距""裂缝深度""裂缝亮度"3个选项	
2	颗粒	用于在图像中创建不同类型的颗粒纹理。该滤镜包括"强度""对比度""颗粒类型"3个选项,其中,"颗粒类型"有"常规""柔和""喷洒""结块""强反差""扩大""点刻""水平""垂直""斑点",右图为"垂直"类型	
3	马赛克拼贴	用于使图像看起来像是由若干小碎片拼贴而成,其中包括"拼贴大小""缝隙宽度""加亮缝隙"3个选项	
4	拼缀图	用于将图像拆分成多个规则排列的小方块,并选用图像中的颜色对小方块进行填充,以产生一种类似建筑拼贴瓷砖的效果。该滤镜包括"方形大小"和"凸现"两个选项,用于减小或增大拼贴的深度,以模拟高光和阴影效果	
5	染色玻璃	用于模拟透过有色玻璃观看图像的效果。该滤镜包括"单元格大小""边框粗细""光照强度"3个选项。通过设置上述选项,可以在图像中产生各种不规则的、分离的彩色玻璃格子效果	
6	纹理化	用于为图像添加预设的纹理或自定义的纹理,如"砖形""粗麻布""画布""砂岩"等。单击 ▼ 按钮,可以从"载入纹理"对话框中选择一个PSD文件作为产生纹理的模板	

6.3.13 "艺术效果"滤镜组

"艺术效果"滤镜组用于模拟现实生活中制作的绘画效果或特殊效果，可以为作品添加艺术特色。该组滤镜只能应用于RGB颜色模式的图像。

"艺术效果"滤镜组中各滤镜的应用效果如表6-5所示。

表6-5

序号	滤镜名称	滤镜功能	应用效果
1	壁画	用于模拟使用小块颜料、短而圆的笔触，以粗糙的风格轻涂的图像效果。该滤镜包括"画笔大小""画笔细节""纹理"3个选项	
2	彩色铅笔	用于模拟使用彩色铅笔在纯色背景中进行绘制的图像效果。其中，纯色背景使用背景色，在图像中透过较平滑的区域显示；图像中较明显的边缘被保留并带有粗糙的阴影线外观。该滤镜包括"铅笔宽度""描边压力""纸张亮度"3个选项	
3	粗糙蜡笔	用于使图像看上去像是用彩色蜡笔在带纹理的背景中描边，以产生一种不平整的浮雕感。其中，深色区域的纹理比较明显；而在亮色区域，蜡笔效果看上去很厚，几乎看不见纹理	
4	底纹效果	用于模拟在底图上以纹理描绘的效果。其中，纹理可以使用预定义的，也可自定义	
5	干画笔	用于模拟使用干画笔技术（介于水彩和油彩之间）绘制图像边缘的效果。它通过将图像的颜色范围降低至普通颜色范围来简化图像。该滤镜包括"画笔大小""画笔细节""纹理"3个选项	

续表

序号	滤镜名称	滤镜功能	应用效果
6	海报边缘	用于自动追踪图像中颜色变化剧烈的区域，并在该区域的边缘绘制黑色线条。该滤镜包括"边缘厚度""边缘强度""海报化"3个选项	
7	海绵	用于模拟现实生活中用海绵浸湿图像的效果。该滤镜包括"画笔大小""清晰度""平滑度"3个选项	
8	绘画涂抹	应用时，可以选取多种类型和大小（1～50）的画笔来创建涂抹效果。其中，"画笔类型"包括"简单""未处理光照""未处理深色""宽锐化""宽模糊""火花"6种	
9	胶片颗粒	用于使图像产生一种布满黑色颗粒的效果。该滤镜包括"颗粒""高光区域""强度"3个选项。其中，"强度"用于调节颗粒纹理的强度，数值越大，颗粒就越多	
10	木刻	用于使图像效果看起来像是运用版画和雕刻原理处理的。该滤镜包括"色阶数""边缘简化度""边缘逼真度"3个选项	

续表

序号	滤镜名称	滤镜功能	应用效果
11	霓虹灯光	用于模拟霓虹灯光的效果,是将各种类型的发光添加到图像中的各对象上,这对于在柔化图像外观时为图像着色很有效。该滤镜包括"发光大小""发光亮度""发光颜色"3个选项	
12	水彩	用于模拟水彩画的效果,可以简化图像的细节。该滤镜包括"画笔细节""阴影强度""纹理"3个选项	
13	塑料包装	用于模拟塑料薄膜封包的效果,以强调表面的细节。该滤镜包括"高光强度""细节""平滑度"3个选项	
14	调色刀	用于减少图像中的细节,以生成很淡的画布效果,同时可以显示出下面的纹理。该滤镜包括"描边大小""描边细节""软化度"3个选项。其中,"软化度"用于调整边缘的模糊程度,数值为0时,边缘呈锯齿状	
15	涂抹棒	用于模拟手绘效果,即使用短的对角线描边涂抹图像的暗部区域以柔化图像,增加图像的对比度。该滤镜包括"描边长度""高光区域""强度"3个选项	

6.4 外挂滤镜的安装和使用

Photoshop的滤镜插件也被称为外挂滤镜，是由第三方厂商为Photoshop开发的，不但数量庞大、种类繁多、功能齐全，而且版本不断升级，种类不断更新。通过安装滤镜插件，能够使Photoshop获得更有针对性的功能。可以说，滤镜插件是Photoshop强大的图像处理武器。

6.4.1 外挂滤镜的安装

与Photoshop内置滤镜不同，外挂滤镜需要用户自己动手安装。按照安装方法，外挂滤镜可以分为两种：一种是进行了封装的外部滤镜，即可以让安装程序安装的外挂滤镜；另一种是直接放在目录下的滤镜文件。

安装被封装的外挂滤镜很简单，只需要在安装时选择Photoshop\Plug-ins滤镜目录即可，下次进入Photoshop后便可以使用了。

对于直接放在目录下的滤镜文件，需要将该滤镜文件及其附属的一些文件复制到"\Adobe Bridge CS6\Plug-ins"下。复制时要注意看一下该滤镜有没有附属的动态链接库dll文件或asf文件，如果未将滤镜文件复制完整，将不能正常使用该滤镜。

6.4.2 外挂滤镜的使用

外挂滤镜安装完成后，启动Photoshop CS6软件，在"滤镜"菜单下可以找到之前安装的外挂滤镜，这时就可以应用该滤镜了。例如，应用"光影"和"邮票效果"两种外挂滤镜的效果分别如图6-138和图6-139所示。

图6-138

图6-139

在此以KPT滤镜为例,介绍其中的几种滤镜效果。

1. Channel Surfing

该滤镜允许单独对图像中的各个通道进行效果处理。例如,模糊或锐化所选中的通道,也可以调整色彩的对比度、透明度等各项属性。这一滤镜对于各种效果混合的图像尤其有效。

2. Fluid

该滤镜用于在图像中模拟液体流动的效果,如扭曲变形效果,或者如带水的刷子刷过物体表面时产生的痕迹效果等,可以设置刷子的尺寸、厚度及刷过物体时的速率,使效果更加逼真。令人惊叹的是,这一滤镜还有视频功能:能将滤镜效果输出为连续的动态视频文件,使原本静止的图片变成直观的电影效果。

3. Gradient Lab

使用该滤镜可以创建不同形状、不同水平高度、不同透明度的复杂色彩组合并将其运用在图像中,也可以自定义各种形状、颜色的样式,并能够存储起来以方便以后调用。

Ⅱ．试题汇编

6.1 第1题

【操作要求】

利用滤镜制作木版画效果，最终效果如图X6-01所示。

图X6-01

打开素材文件C:\2020PSCS6\Unit6\Y6-01-a.jpg，如图Y6-01-a所示。

1．基本图形：对图片进行去色，处理成黑白效果。

2．滤镜特效：利用"浮雕效果"滤镜，制作浮雕特效。

3．效果修饰：置入图片C:\2020PSCS6\Unit6\Y6-01-b.jpg（如图Y6-01-b所示），图层混合模式改为"叠加"，调整明暗如最终效果。

将最终效果以X6-01.psd为文件名保存在考生文件夹中。

图Y6-01-a

图Y6-01-b

6.2 第2题

【操作要求】

利用滤镜制作绿色草坪，最终效果如图X6-02所示。

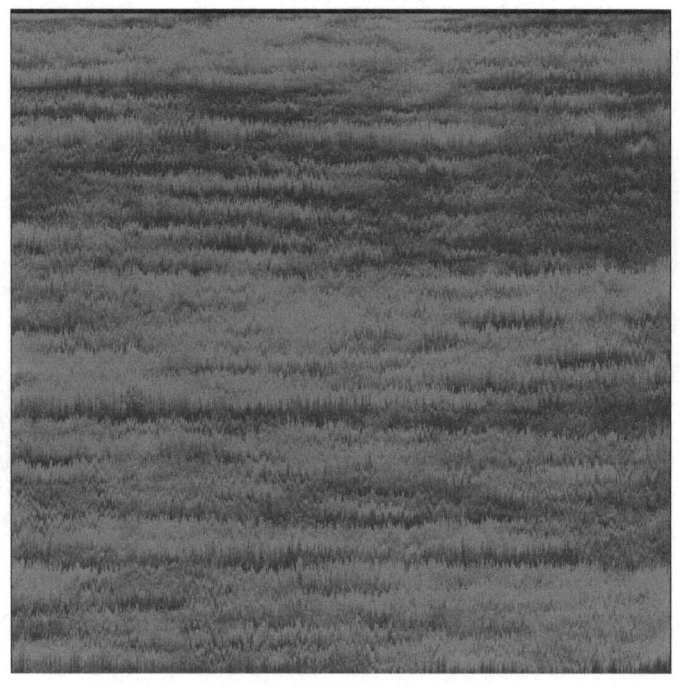

图X6-02

新建一个宽高600×600像素、72像素/英寸分辨率、RGB颜色模式的文件。
1. **基本图形**：填充背景色（#00cc00）和前景色（#006600）。
2. **滤镜特效**：利用"纤维"和"风"滤镜，制作特效。
3. **效果修饰**：顺时针90°旋转画布。

将最终效果以X6-02.psd为文件名保存在考生文件夹中。

6.3 第3题

【操作要求】

利用滤镜进行处理并合成图片,最终效果如图X6-03所示。

图X6-03

打开素材文件C:\2020PSCS6\Unit6\Y6-03-a.jpg和Y6-03-b.jpg,如图Y6-03-a和图Y6-03-b所示。

1. **基本图形**:在素材Y6-03-a中,建立并羽化杯中物选区。
2. **滤镜特效**:对素材Y6-03-b使用"极坐标"滤镜,制作杯中物的特效,然后将其贴入素材Y6-03-a中,调整其大小。
3. **效果修饰**:对杯中物使用"场景模糊"滤镜,并进行明亮度调整,使图像更具层次感。

将最终效果以X6-03.psd为文件名保存在考生文件夹中。

图Y6-03-a

图Y6-03-b

6.4 第4题

【操作要求】

利用滤镜制作木质纹理，最终效果如图X6-04所示。

图X6-04

新建一个宽高为800×400像素、72像素/英寸分辨率、RGB颜色模式的文件，背景内容为白色。

1．**基本图形**：设置前景色（#eebe00）和背景色（#745500）。

2．**滤镜特效**：利用"云彩"和"添加杂色"滤镜（设置"数量"为20%，"高斯分布"，"单色"）制作效果。利用"动感模糊"滤镜制作模糊特效，效果如图Y6-04所示。参照图X6-04，利用"旋转扭曲"滤镜制作扭曲特效。

3．**效果修饰**：调整亮度和对比度，利用"中间值"滤镜进行杂色处理，实现图X6-04所示的效果。

将最终效果以X6-04.psd为文件名保存在考生文件夹中。

图Y6-04

6.5 第5题

【操作要求】

利用滤镜绘制苹果，如图X6-05所示。

图X6-05

新建一个宽高为500×500像素、72像素/英寸分辨率、RGB颜色模式的文件。

1．**基本图形**：设置背景色为白色。新建"图层1"，利用素材文件C:\2020PSCS6\Unit6\Y6-05.jpg（如图Y6-05所示）创建一个苹果形状的选区，填充红绿渐变。使用减淡工具和加深工具将其处理为苹果的立体效果。

2．**滤镜特效**：新建"图层2"，激活"图层1"中的选区，填充白色，添加"添加杂色"滤镜（设置"数量"为80%），添加"高斯模糊"滤镜（设置"半径"为1.5像素），调整阈值（设置"阈值色阶"为145），调整色相和饱和度（红色），添加"动感模糊"滤镜（设置"距离"为20像素，"角度"为90°），添加"球面化"滤镜。

3．**效果修饰**：使用模糊工具对苹果的边缘部分进行模糊处理，并添加投影和苹果柄。

将最终效果以X6-05.psd为文件名保存在考生文件夹中。

图Y6-05

Ⅲ. 试题解答

6.1 第1题解答

（1）打开素材文件C:\2020PSCS6\Unit6\Y6-01-a.jpg，如图6-140所示。

图6-140

（2）执行"图像"→"调整"→"去色"命令，将图像处理为黑白效果。

（3）执行"滤镜"→"风格化"→"浮雕效果"命令，设置角度为135°，高度为3像素，数量为65%，参数如图6-141所示，效果如图6-142所示。

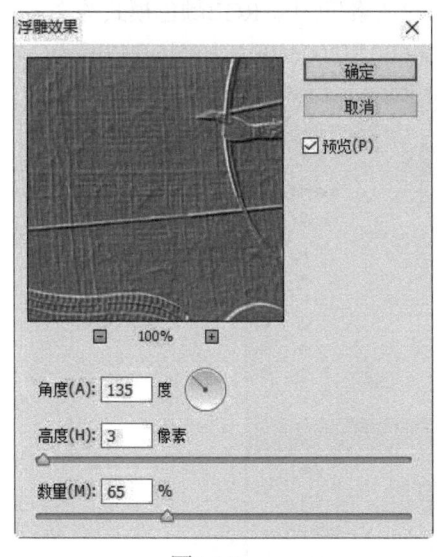

图6-141

图6-142

（4）执行"文件"→"置入"命令，置入素材文件C:\2020PSCS6\Unit6\Y6-01-b.jpg中的图像，将其图层混合模式修改为"叠加"，如图6-143所示，效果如图6-144所示，将图层栅格化。

图6-143　　　　　　　　　图6-144

（5）执行"图像"→"调整"→"亮度/对比度"命令，设置亮度为100，对比度为－50，如图6-145所示。最终效果如图6-146所示。

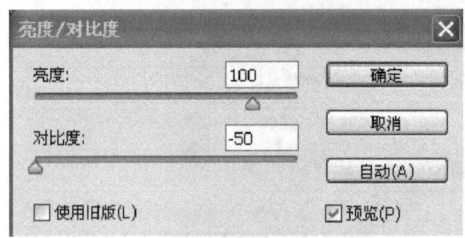

图6-145　　　　　　　　　图6-146

（6）将最终效果以X6-01.psd为文件名保存在考生文件夹中。

6.2　第2题解答

（1）新建一个宽高为600×600像素、分辨率为72像素/英寸、RGB颜色模式的文件。
（2）分别设置前景色和背景色的颜色值为#006600和#00cc00，如图6-147所示。

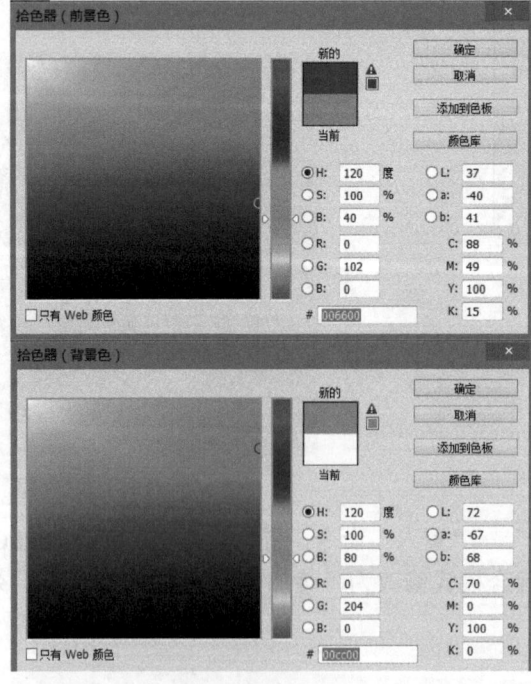

图6-147

(3)执行"滤镜"→"渲染"→"纤维"命令,参数设置如图6-148所示。

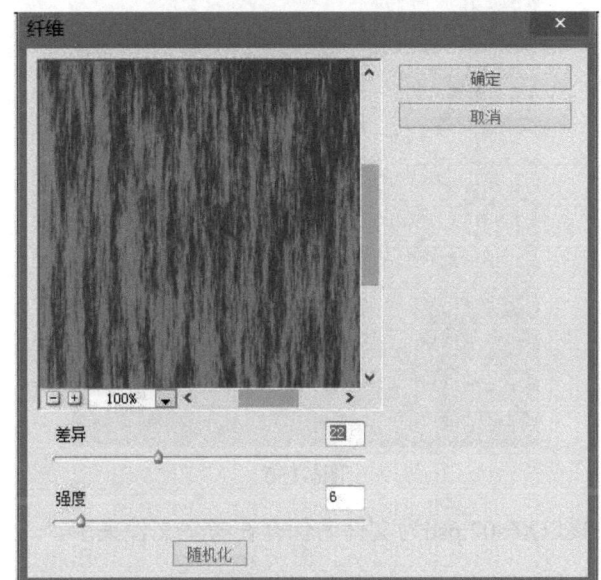

图6-148

(4)执行"滤镜"→"风格化"→"风"命令,设置"方法"为"飓风"、"方向"为"从右",如图6-149所示。

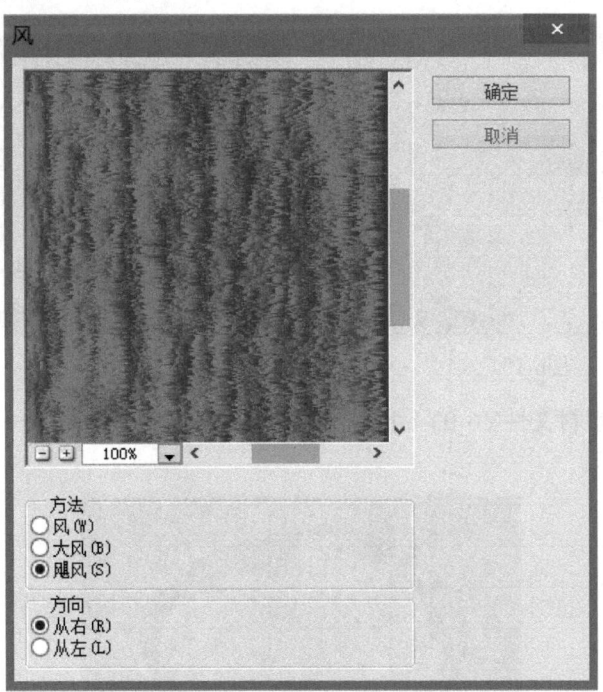

图6-149

(5)执行"图像"→"图像旋转"→"90度(顺时针)"命令。最终效果如图6-150所示。

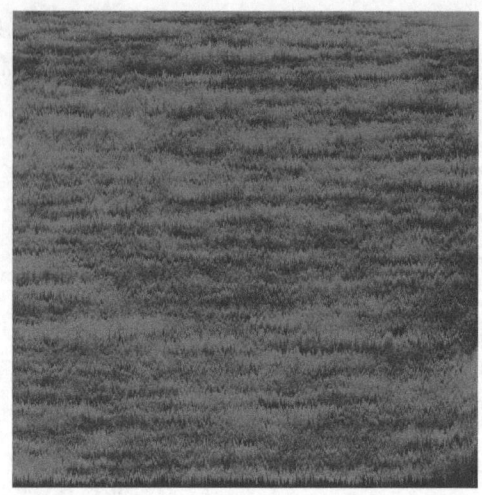

图6-150

（6）将最终效果以X6-02.psd为文件名保存在考生文件夹中。

6.3 第3题解答

（1）打开素材文件C:\2020PSCS6\Unit6\Y6-03-a.jpg和Y6-03-b.jpg，如图6-151和图6-152所示。

图6-151

图6-152

（2）切换到素材文件Y6-03-b.jpg，执行"滤镜"→"扭曲"→"极坐标"命令，效果如图6-153所示。

图6-153

（3）切换到素材文件Y6-03-a.jpg，使用椭圆选框工具绘制杯中物的选区，并羽化选区（20像素），效果如图6-154所示。

（4）将素材文件Y6-03-b.jpg中的图像贴入素材文件Y6-03-a.jpg，制作杯中物的效果，如图6-155所示。

图6-154　　　　　　　　　　　　　　图6-155

（5）先执行"滤镜"→"模糊"→"场景模糊"命令，再适当进行明亮度调整，最终效果如图6-156所示。

图6-156

（6）将最终效果以X6-03.psd为文件名保存在考生文件夹中。

6.4　第4题解答

（1）新建一个宽高为800×400像素、分辨率为72像素/英寸、RGB颜色模式、背景内容为白色的文件。

（2）设置前景色（#eebe00）和背景色（#745500）。执行"滤镜"→"渲染"→"云彩"命令，效果如图6-157所示。

图6-157

(3) 执行"滤镜"→"杂色"→"添加杂色"命令（设置"数量"为20%，单击"高斯分布"单选按钮，选中"单色"复选框），参数设置及效果如图6-158所示。

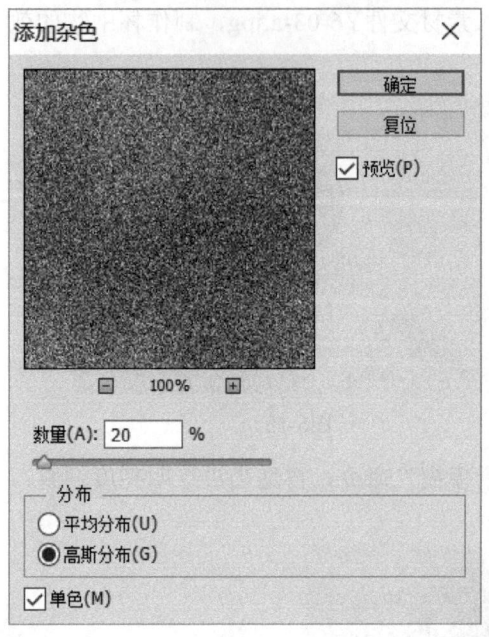

图6-158

(4) 执行"滤镜"→"模糊"→"动感模糊"命令（设置"角度"为0°、"距离"为31像素），参数设置如图6-159所示。

(5) 执行"滤镜"→"扭曲"→"旋转扭曲"命令（设置"角度"为20°），参数设置如图6-160所示。

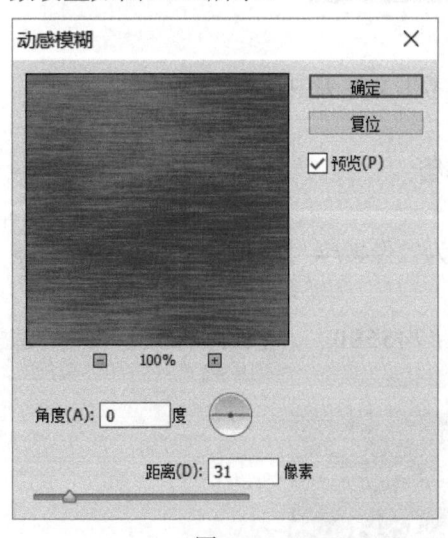
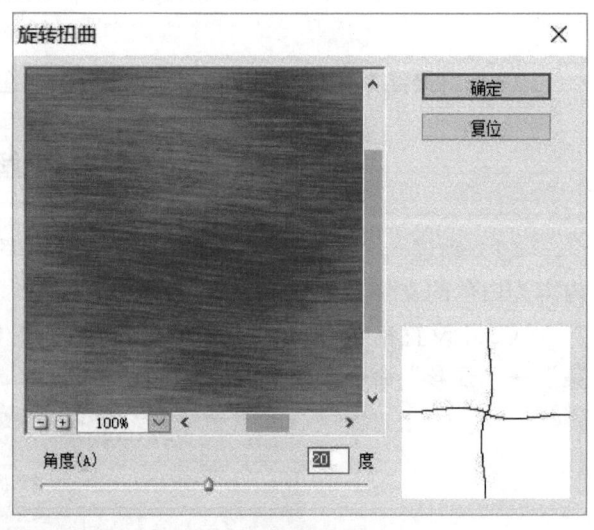

图6-159　　　　　　　　　　　　　图6-160

(6) 执行"图像"→"调整"→"亮度/对比度"命令，参数设置如图6-161所示。

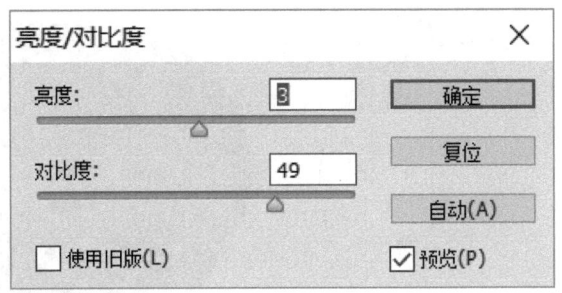

图6-161

（7）执行"滤镜"→"杂色"→"中间值"命令（设置"半径"为1像素），参数设置如图6-162所示。最终效果如图6-163所示。

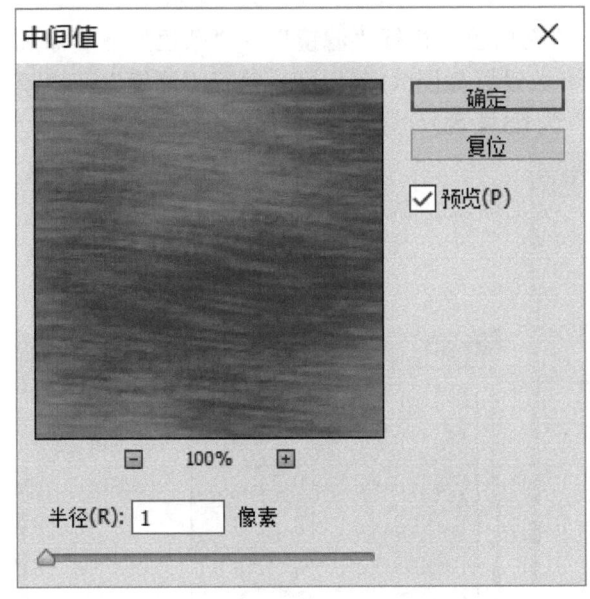

图6-162

图6-163

（8）将最终效果以X6-04.psd为文件名保存在考生文件夹中。

6.5 第5题解答

（1）新建一个宽高为500×500像素、分辨率为72像素/英寸、RGB颜色模式的文件，设置背景色为白色。新建"图层1"。

（2）打开素材文件C:\2020PSCS6\Unit6\Y6-05.jpg，使用魔棒工具创建一个苹果形状的选区，效果如图6-164所示，将选区拖入新建文件。

（3）使用渐变工具在苹果形状的选区中填充渐变（#c19e2c，#82190a），得到苹果的平面图像。使用减淡工具提亮苹果的中间部分，使用加深工具加深苹果的边缘部分，使苹果具有立体感，效果如图6-165所示。

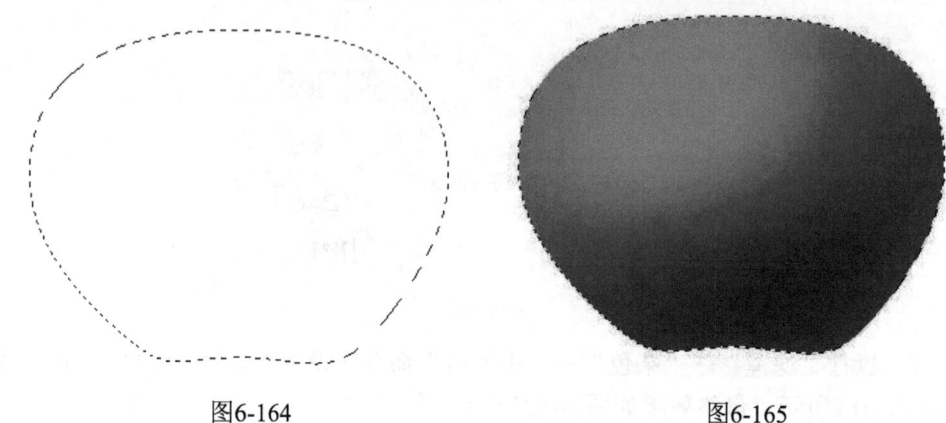

图6-164　　　　　　　　　　　图6-165

（4）保持选区，新建"图层2"，填充白色；执行"滤镜"→"杂色"→"添加杂色"命令（设置"数量"为80%），参数设置如图6-166所示。执行"滤镜"→"模糊"→"高斯模糊"命令（设置"半径"为1.5像素），参数设置如图6-167所示。

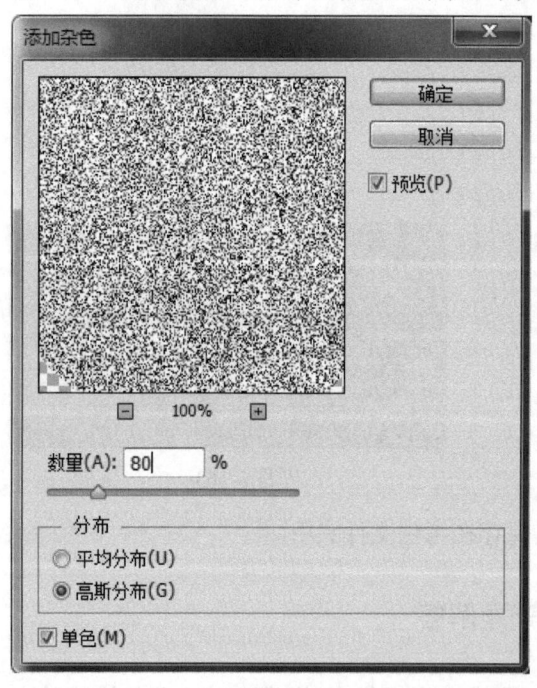
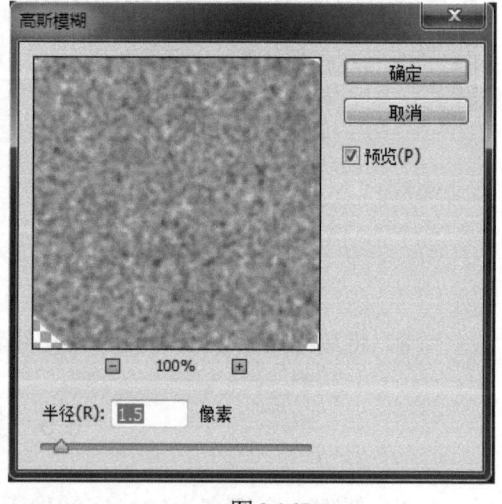

图6-166　　　　　　　　　　　图6-167

（5）执行"图像"→"调整"→"阈值"命令（设置"阈值色阶"为145），参数设置如图6-168所示。执行"图像"→"调整"→"色相/饱和度"命令（选中"着色"复选框，设置"色相"为0、"饱和度"为84、"明度"为＋44），参数设置如图6-169所示，将苹果调整为暗红色。

（6）执行"滤镜"→"模糊"→"动感模糊"命令（设置"角度"为90°、"距离"为20像素），参数设置如图6-170所示。取消选区，将当前图层的图层混合模式修改为"正片叠底"，如图6-171所示。

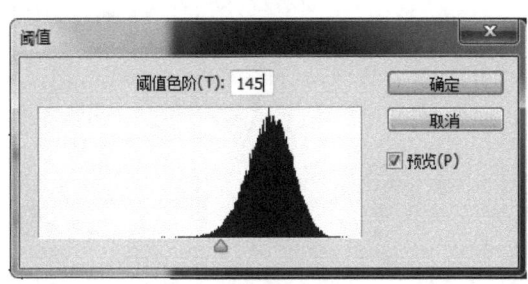
图6-168

图6-169

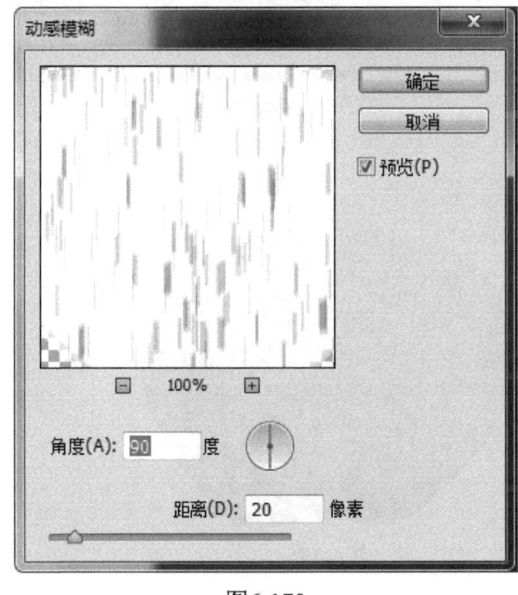
图6-170

图6-171

（7）使用椭圆选框工具创建一个略大于苹果的圆形选区，效果如图6-172所示。执行"滤镜"→"扭曲"→"球面化"命令，参数设置如图6-173所示。

（8）取消选区。使用模糊工具对苹果的边缘部分进行模糊处理。新建"图层3"，使用多边形套索工具绘制苹果柄形状的选区，效果如图6-174所示。为苹果柄形状的选区填充颜色（#953418），使用加深工具加深苹果柄下半部分的颜色，使用减淡工具提亮苹果柄上半部分的颜色，效果如图6-175所示。

（9）载入"图层1"中的选区。新建"图层4"，填充颜色（#252525）。执行"编辑"→"变换"→"变形"命令，初步制作苹果的投影效果。使用减淡工具（设置"大小"为150像素）提亮部分投影区域，苹果的投影效果制作完成。最终效果如图6-176所示。

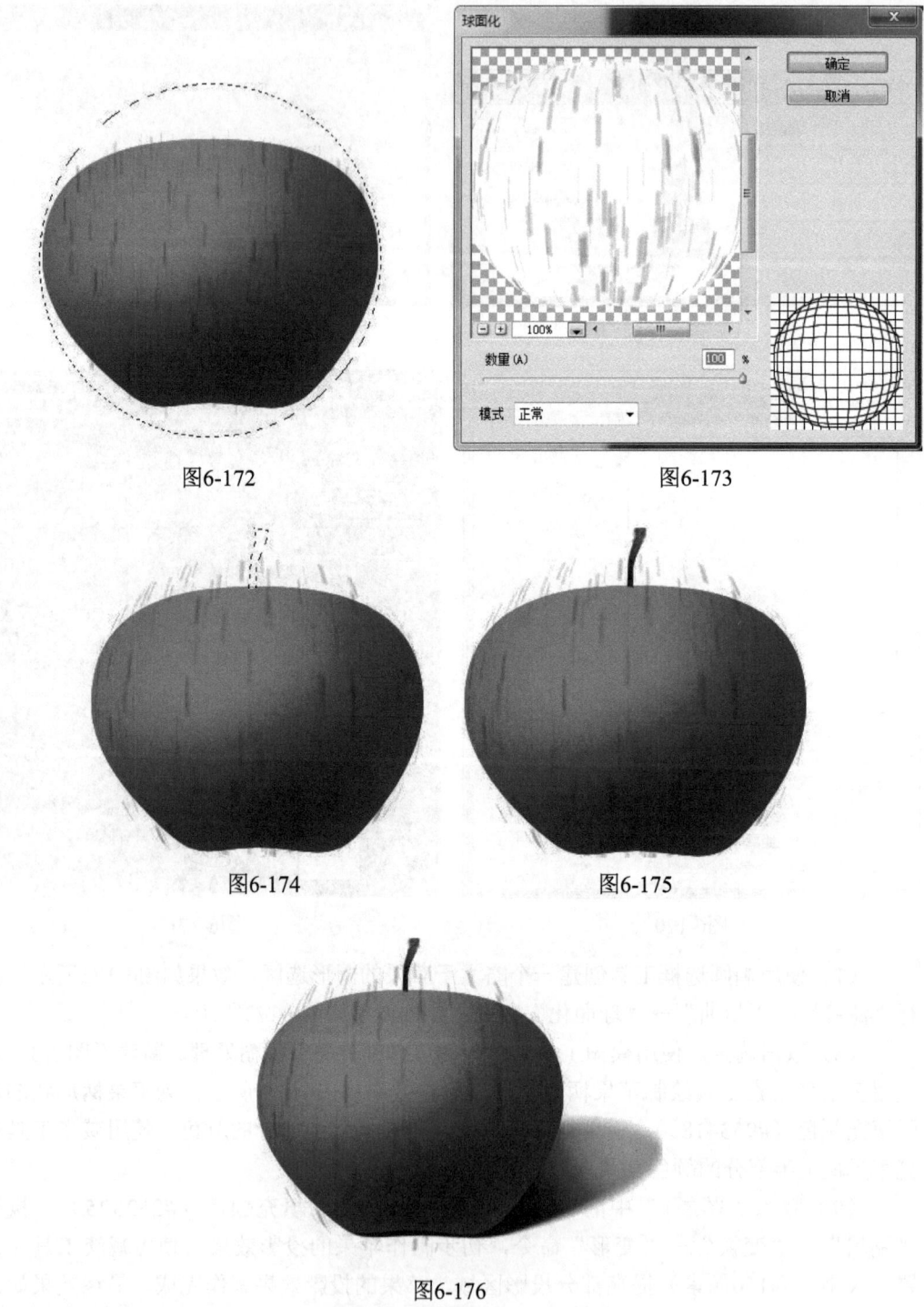

图6-172

图6-173

图6-174

图6-175

图6-176

（10）将最终效果以X6-05.psd为文件名保存在考生文件夹中。

第7章 动态图片

Ⅰ.知识讲解

知识要点

- 了解Photoshop动画制作的理论知识,掌握时间轴及动画帧的设置技巧。
- 掌握网页动画、逐帧动画、蒙版过渡动画的制作方法。
- 掌握动画的优化输出方法。

评分细则

本章有3个评分点,每题12分。

评 分 点	分 值	得分条件	判分要求
基本图形	4	建立符合要求的素材图	制作效果基本相似即可
时间轴编辑	4	按照要求制作效果或动画	必须保留相应的动画图层
效果修饰	4	达到修饰效果	允许一定的创意发挥

7.1 制作网页动画

动画是在一定时间内显示的一系列图像或帧,每一帧相较于前一帧都有一定的变化。当连续、快速地显示这些帧时,就会创造出运动的效果。结合使用"时间轴"面板和"图层"面板的功能,即可产生动画。先将动画的每一帧图片置于其自身所在的图层中,再使用"图层"面板中的命令和选项更改一系列帧的图片位置和外观。如图7-1所示,"图层"面板中各图层的风车图像都与"时间轴"面板中的每一帧相对应。在Photoshop中编辑动画其实就是对帧的操作,准备好动画所需要的图片,使各帧仅显示相关图层内容的动画示意图即可。

图7-1

实例演练：制作灌溉生长的动画

（1）观察如图7-2所示素材文件的"图层"面板，图层"水滴顶部""水滴中部""水滴"均隐藏。

图7-2

（2）在"时间轴"面板中单击"复制所选帧"按钮，添加帧。在"时间轴"面板中选中新添加的帧，然后在"图层"面板中显示"水滴顶部"图层，如图7-3所示。

图7-3

（3）重复操作步骤2，就会得到灌溉生长的动画，如图7-4所示。

图7-4

（4）为了使动画播放流畅，可以调整动画的延迟时间。在"时间轴"面板中选择全部帧，单击"选择延迟时间"按钮 ，在弹出的菜单（如图7-5所示）中设置即可。

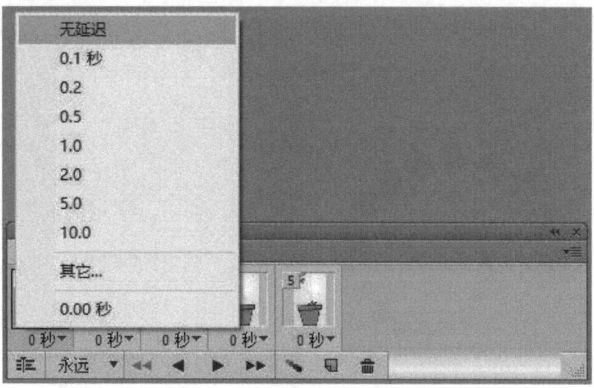

图7-5

（5）设置完成，单击"时间轴"面板底部的"播放"按钮 ，预览动画效果。

7.2 逐帧动画

本小节通过一个实例来讲解逐帧动画的制作过程。

实例演练：制作逐帧动画

（1）打开素材文件，观察其"图层"面板，如图7-6所示。

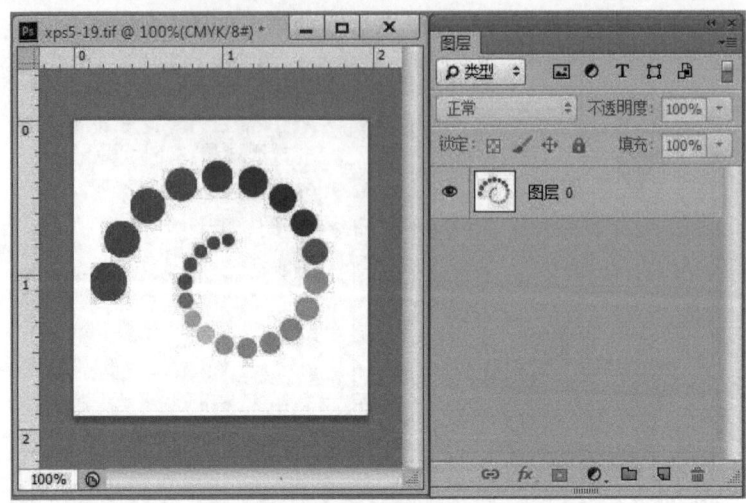

图7-6

（2）复制"图层0"，得到"图层0 拷贝"。选中图层"图层0 拷贝"并全选该图层中的图像，按Ctrl+T组合键进行自由变换。在工具选项栏中设置旋转角度为30°，按✓按钮确认。按Alt+Ctrl+Shift+T组合键10次，对图形进行连续旋转复制。

（3）在"时间轴"面板中单击"创建帧动画"按钮，在面板菜单中选择"从图层建立帧"命令，这样每个图层中的内容都会被分配到动画的每一帧中，如图7-7所示。

图7-7

（4）调整动画的延迟时间。在"时间轴"面板菜单中选择"选择全部帧"命令，然后单击"选择延迟时间"按钮秒，在弹出的菜单中设置延迟时间，如图7-8所示。

（5）设置完成，单击"时间轴"面板底部的"播放"按钮，预览动画效果。

图7-8

7.3 蒙版过渡动画

制作动画时可以自动添加或修改两个现有帧之间的一系列过渡帧，这样可以均匀地改变图层的属性（位置、不透明度或效果等），以创建均匀过渡的效果。

使用过渡帧可大大减少创建动画效果所需的时间。只需要确定动画中的起点帧和终点帧，然后在其间产生过渡帧即可。过渡帧可以在起点帧和终点帧的属性间生成均匀的过渡，可以方便地对它们分别进行编辑。

实例演练：制作蒙版过渡动画

（1）打开素材文件，如图7-9所示。

图7-9

（2）使用矩形选框工具建立折线部分的矩形选区，执行"图层"→"图层蒙版"→"隐藏选区"命令，为"图层1"添加图层蒙版以遮盖折线，如图7-10所示。

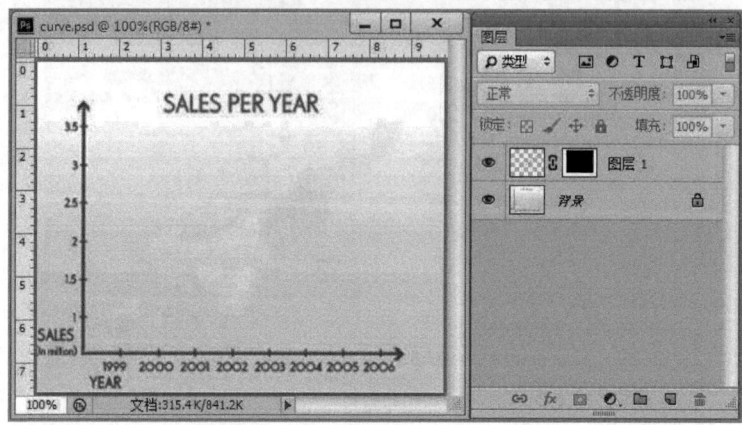

图7-10

（3）打开"时间轴"面板，单击"创建帧动画"按钮，创建第1帧；再单击"复制所选帧"按钮，创建第2帧。在"图层"面板中，先取消图层的蒙版链接，再使用移动工具将图层蒙版水平向右拖移，直到折线完全显示，如图7-11所示。

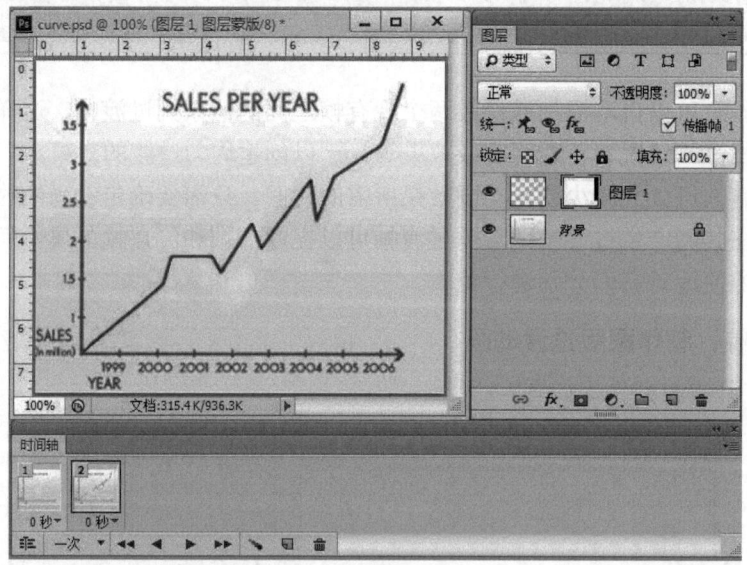

图7-11

（4）在"时间轴"面板中单击"过渡动画帧"按钮，打开"过渡"对话框，参照图7-12进行设置，设置完成单击"确定"按钮。

（5）在"时间轴"面板中可以看到，在第1帧和最后一帧之间增加了5个中间帧，增加的中间帧会使动画更加流畅。如果是在网络中播放动画，要尽可能减少帧数以降低网络负荷。图7-13所示为第4帧的效果。

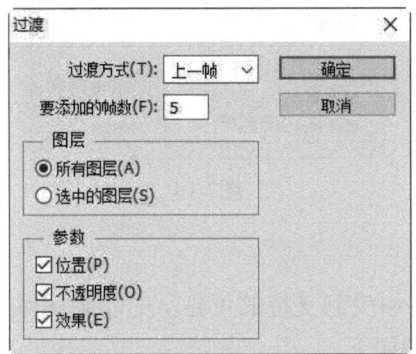

图7-12

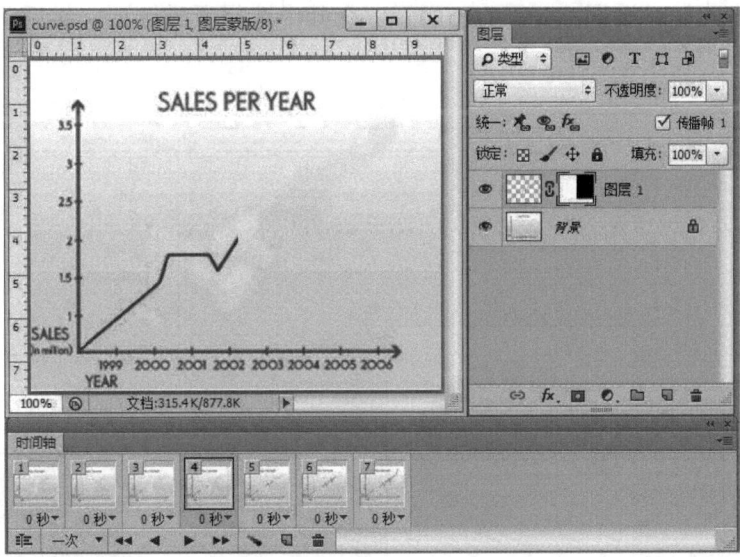

图7-13

7.4 优化输出动画

动画制作完毕，需要对动画进行优化，以便于网络传输，并将优化结果输出为动画文件。在输出之前，最好用PSD格式保存一下原稿，这样可以方便日后修改。

1. 优化动画

在"时间轴"面板菜单中选择"优化动画"命令，打开"优化动画"对话框（如图7-14所示），按照需要选中相应的优化选项，然后单击"确定"按钮。

- 外框：将每一帧裁切到相对于上一帧发生更改的区域。使用该选项创建的动画文件比较小，但与不支持该选项的GIF编辑器不兼容。默认选中，建议使用。
- 去除多余像素：可使相对于上一帧没有发生更改的所有像素变为透明。默认选中，建议使用。

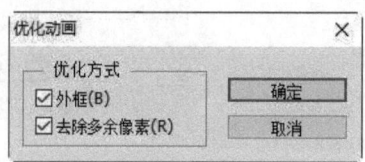

图7-14

2. 输出为GIF动画

GIF文件格式是在网络中受到支持的可显示的动画图像格式,所以可以GIF格式来优化动画。具体的操作步骤如下。

(1)完成动画制作,执行"文件"→"存储为Web所用格式"命令,打开"存储为Web所用格式"对话框,如图7-15所示,在其中选择所需选项,然后单击"存储"按钮。

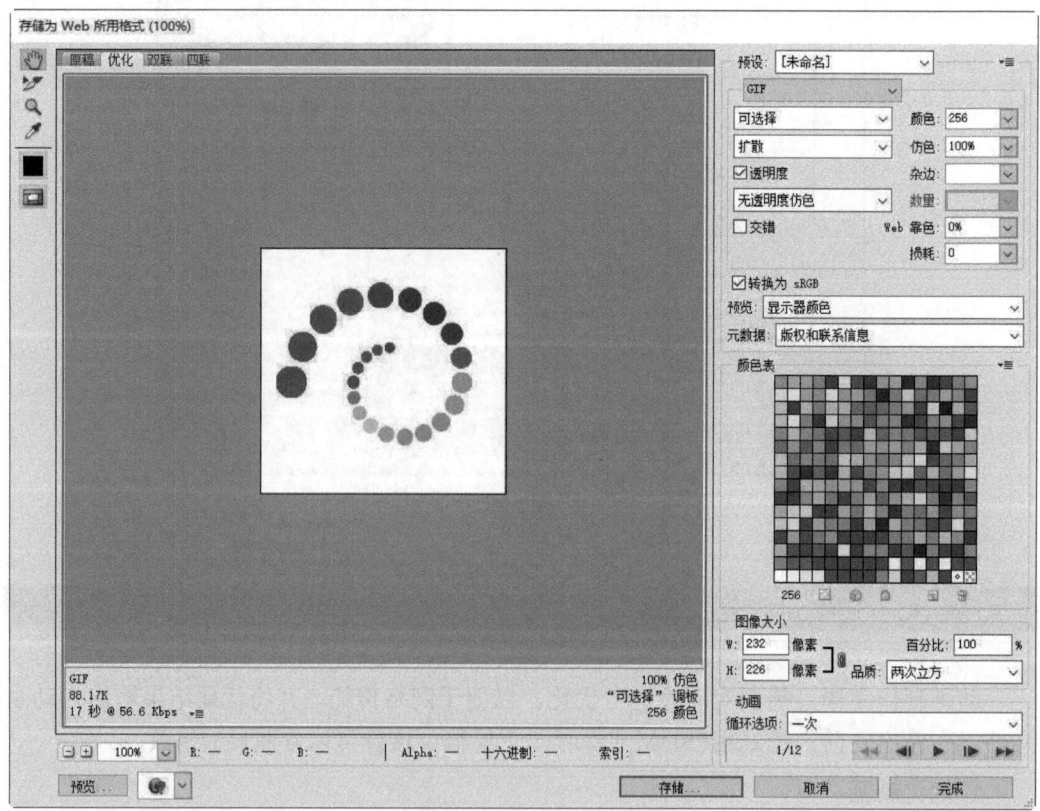

图7-15

(2)在打开的"将优化结果存储为"对话框中输入文件名并设置存储位置,然后设置"格式"为"仅限图像",最后单击"保存"按钮。

Ⅱ. 试题汇编

7.1 第1题

【操作要求】

制作转动的风车特效的GIF动画,其动画过程如图X7-01所示。

图X7-01

新建一个宽高16厘米×12厘米、72像素/英寸分辨率、RGB颜色模式的文件,填充浅黄色(#fbf3bf)背景。

1. **基本图形**:使用选区工具选择素材文件C:\2020PSCS6\Unit7\Y7-01.jpg中的风车扇叶与风车手柄图形,将其移入新建文件中,如图Y7-01所示。

2. **时间轴编辑**:使用帧动画,制作风车转动的动态效果。

3. **效果修饰**:调整动画,每秒10帧,连续播放。

将最终效果以X7-01.psd为文件名保存在考生文件夹中,同时输出X7-01.gif到考生文件夹中。

图Y7-01

7.2 第2题

【操作要求】

制作星空闪动特效的GIF动画，其动画过程如图X7-02所示。

图X7-02

打开素材文件C:\2020PSCS6\Unit7\Y7-02-a.jpg与Y7-02-b.jpg，如图Y7-02-a与Y7-02-b所示。

1．**基本图形**：使用选区工具选择素材Y7-02-b中的星星，并移入素材Y7-02-a.jpg中。
2．**时间轴编辑**：使用帧动画，制作星空闪动的动态效果。
3．**效果修饰**：调整动画，每秒10帧，连续播放。

将最终效果以X7-02.psd为文件名保存在考生文件夹中，同时输出X7-02.gif到考生文件夹中。

图Y7-02-a   图Y7-02-b

7.3 第3题

【操作要求】

制作一个相册自动播放的GIF动画，其动画过程如图X7-03所示。

图X7-03

打开素材文件C:\2020PSCS6\Unit7\Y7-03.psd，如图Y7-03所示。

1．**基本图形**：调整素材Y7-03中3幅动物图像的位置、大小并对齐。

2．**时间轴编辑**：使用帧动画，制作画册的转换效果，在两幅图像之间添加1帧过渡帧。

3．**效果修饰**：设置第1帧的帧延迟为0.2秒，第3帧的帧延迟为0.2秒，第5帧的帧延迟为0.2秒，连续播放。

将最终效果以X7-03.psd为文件名保存在考生文件夹中，同时输出X7-03.gif到考生文件夹中。

图Y7-03

7.4 第4题

【操作要求】

制作一个时钟转动的GIF动画,其动画过程如图X7-04所示。

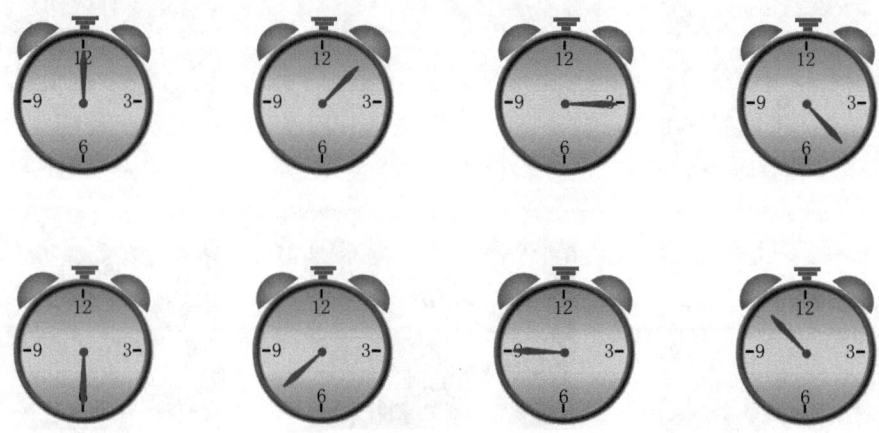

图X7-04

打开素材文件C:\2020PSCS6\Unit7\Y7-04.jpg,如图Y7-04所示。

1．**基本图形**：绘制时钟指针,填充蓝色。
2．**时间轴编辑**：使用帧动画,制作指针转动效果。
3．**效果修饰**：设置帧延迟为0秒,连续播放。

将最终效果以X7-04.psd为文件名保存在考生文件夹中,同时输出X7-04.gif到考生文件夹中。

图Y7-04

7.5 第5题

【操作要求】

制作一个飞机飞过天空的GIF动画，其动画过程如图X7-05所示。

图X7-05

打开素材文件C:\2020PSCS6\Unit7\Y7-05-a.jpg和Y7-05-b.jpg，如图Y7-05-a和图 Y7-05-b所示。

1．**基本图形**：将素材Y7-05-b中的飞机图形抠选出来，移入素材Y7-05-a中。
2．**时间轴编辑**：使用"时间轴"面板创建动画，添加过渡帧（30帧）。
3．**效果修饰**：设置帧延迟为0.01秒。

将最终效果以X7-05.psd为文件名保存在考生文件夹中，同时输出X7-05.gif到考生文件夹中。

图Y7-05-a   图Y7-05-b

Ⅲ. 试题解答

7.1 第1题解答

（1）新建一个宽高为16厘米×12厘米、分辨率为72像素/英寸、RGB颜色模式的文件，填充浅黄色（#fbf3bf）背景色。

（2）打开素材文件C:\2020PSCS6\Unit7\Y7-01.jpg，使用魔棒工具分别选择其中的风车扇叶与风车手柄图形，将其移入新建文件中，生成"图层1"和"图层2"。

（3）复制"图层2"，得到"图层2 副本"，对"图层2 副本"中的风车扇叶执行"编辑"→"变换"→"旋转"命令，确定风车扇叶中心点的位置，如图7-16所示。将"图层2 副本"中的风车扇叶旋转30°，参数设置如图7-17所示。复制"图层2 副本"，得到"图层2 副本1"，同样将"图层2 副本1"中的风车扇叶旋转30°。使用相同的方法，生成"图层2 副本2"～"图层2 副本11"中的风车扇叶。

图7-16

图7-17

（4）执行"窗口"→"时间轴"命令，显示"时间轴"面板，单击"创建帧动画"按钮。单击"时间轴"面板中的第1帧，设置帧延迟为0.1秒，复制生成第2～12帧，效果如图7-18所示。

图7-18

（5）选择第1帧，在"图层"面板中显示"背景"图层、"图层1"和"图层2"，隐藏其他图层。再选择第2帧，在"图层"面板中显示"背景"图层、"图层1"和"图层2 副本"，隐藏其他图层。使用相同的方法，在第3～12帧处依次显示相应的图层，隐藏其他图层。

（6）设置动画循环方式为"永远"，如图7-19所示。动画过程如图7-20所示。

图7-19

图7-20

（7）将最终效果以X7-01.psd为文件名保存在考生文件夹中，同时输出X7-01.gif到考生文件夹中。

7.2 第2题解答

（1）打开素材文件C:\2020PSCS6\Unit7\Y7-02-a.jpg与Y7-02-b.jpg，如图7-21和图7-22所示。

图7-21　　　　　　　　　　　　　图7-22

（2）使用魔棒工具选择素材文件Y7-02-b.jpg中的蓝色背景。执行"选择"→"反向"命令，选中素材文件Y7-02-b.jpg中的星星，羽化选区（2像素）。使用移动工具将星星移入素材文件Y7-02-a.jpg，生成"图层1"。

（3）使用橡皮擦工具擦除多余的部分，效果如图7-23所示。

图7-23

（4）执行"窗口"→"时间轴"命令，显示"时间轴"面板，单击"创建帧动画"按钮。单击"时间轴"面板中的第1帧，设置帧延迟为0.1秒。复制生成第2帧和第3

帧，效果如图7-24所示。

图7-24

（5）选择第1帧，在"图层"面板中显示"背景"图层，隐藏"图层1"。选择第2帧，在"图层"面板中显示"背景"图层和"图层1"。选择第3帧，在"图层"面板中显示"背景"图层，隐藏"图层1"。

（6）选择第1帧，单击"过渡动画帧"按钮，参数设置如图7-25所示。选择第12帧，单击"过渡动画帧"按钮，参数设置如图7-25所示。

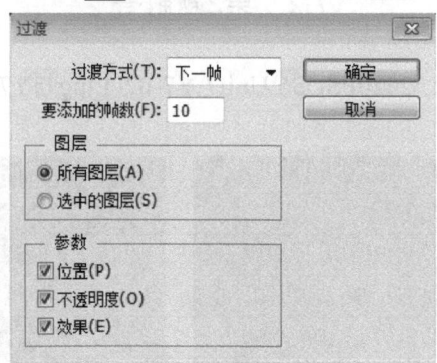

图7-25

（7）设置动画循环方式为"永远"，如图7-26所示。动画过程如图7-27所示。

图7-26

图7-27

（8）将最终效果以X7-02.psd为文件名保存在考生文件夹中，同时输出X7-02.gif到考生文件夹中。

7.3 第3题解答

（1）打开素材文件C:\2020PSCS6\Unit7\Y7-03.psd，如图7-28所示。

图7-28

（2）调整素材文件Y7-03.psd中3幅动物图像的位置和大小，并居中对齐。

（3）执行"窗口"→"时间轴"命令，显示"时间轴"面板，单击"创建帧动画"按钮。单击第1帧，复制生成第2帧，如图7-29所示。选择第1帧，隐藏"图层1"和"图层3"，如图7-30所示。选择第2帧，显示"图层1"，单击"复制所选帧"按钮，复制第2帧，得到第3帧，如图7-31所示。

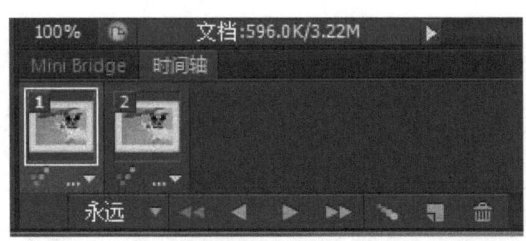

图7-29

图7-30

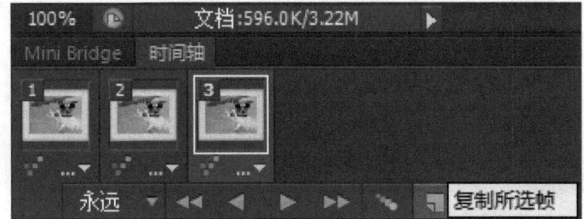

图7-31

（4）选择第1帧，单击"过渡动画帧"按钮，在两幅图像之间添加1帧过渡帧，过渡方式为"下一帧"，参数设置如图7-32所示。选择第3帧，单击"过渡动画帧"按钮，在第2幅图像和第3幅图像之间添加1帧过渡帧，过渡方式为"下一帧"。选择第5帧，单击"过渡动画帧"按钮，在第5幅图像和第6幅图像之间添加1帧过渡帧，过渡方式为"第一帧"。

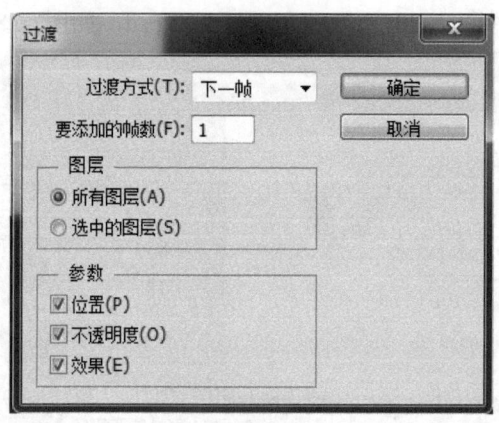

图7-32

（5）依次选择第1帧、第3帧和第5帧，设置其帧延迟为0.2秒。
（6）设置动画循环方式为"永远"，如图7-33所示。动画过程如图7-34所示。

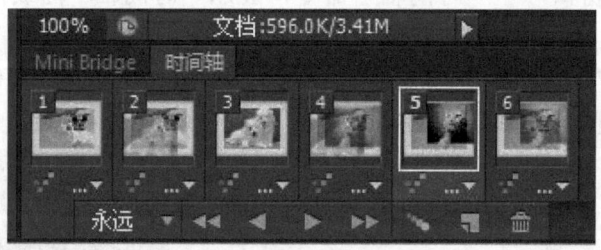

图7-33

图7-34

(7) 将最终效果以X7-03.psd为文件名保存在考生文件夹中，同时输出X7-03.gif到考生文件夹中。

7.4　第4题解答

(1) 打开素材文件C:\2020PSCS6\Unit7\Y7-04.jpg，如图7-35所示。

图7-35

(2) 新建"图层1"。使用多边形套索工具绘制时钟指针的选区，填充蓝色。使用椭圆选框工具在指针转轴处绘制一个小圆形选区，填充蓝色。效果如图7-36所示。

(3) 复制"图层1"，得到"图层1 副本"，执行"编辑"→"自由变换"命令，将指针旋转45°，效果如图7-37所示。复制"图层1 副本"，得到"图层1 副本2"，执行"编辑"→"自由变换"命令，将指针旋转45°，效果如图7-38所示。使用相同的方法，将指针依次旋转45°，效果如图7-39～图7-43所示。

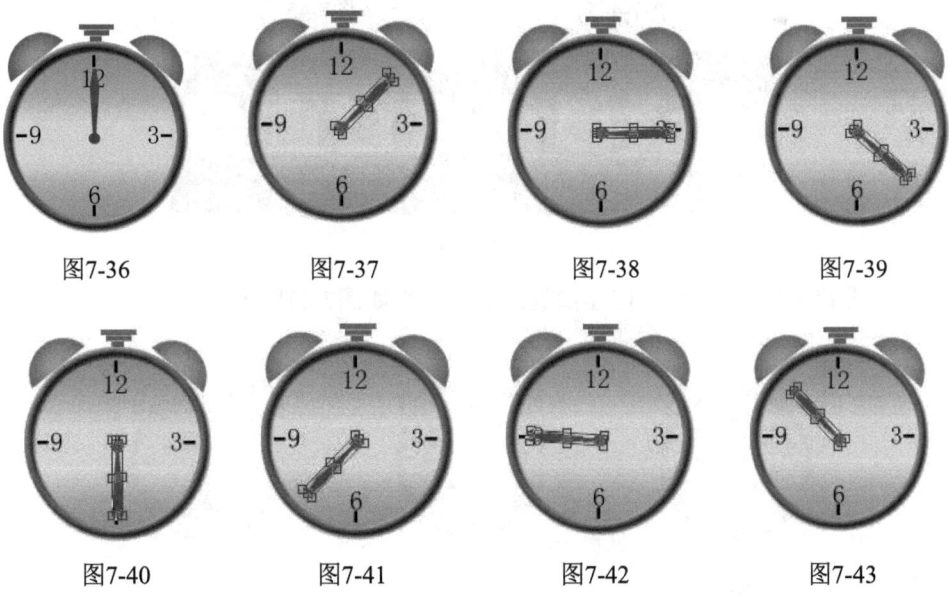

图7-36　　　　图7-37　　　　图7-38　　　　图7-39

图7-40　　　　图7-41　　　　图7-42　　　　图7-43

(4) 执行"窗口"→"时间轴"命令，显示"时间轴"面板，单击"创建帧动画"按钮。选择第1帧，显示"背景"图层和"图层1"，隐藏"图层1 副本2""图层1 副本3""图层1 副本4""图层1 副本5""图层1 副本6""图层1 副本7""图层1 副本8"，如图7-44所示。

（5）保持第1帧的选中状态，单击"复制所选帧"按钮，复制得到第2帧。选择第2帧，隐藏"图层1"，显示"图层1 副本2"，其他图层的显示状态保持不变，如图7-45所示。使用相同的方法，依次设置剩余6帧的图层显示状态，"时间轴"面板效果如图7-46所示。

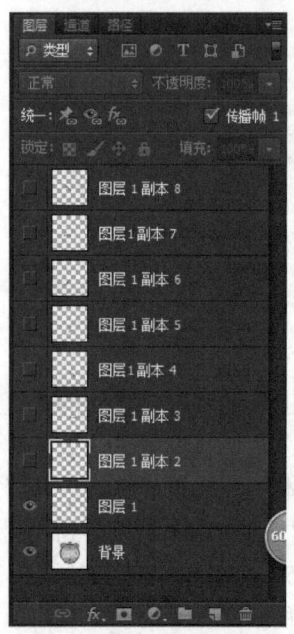
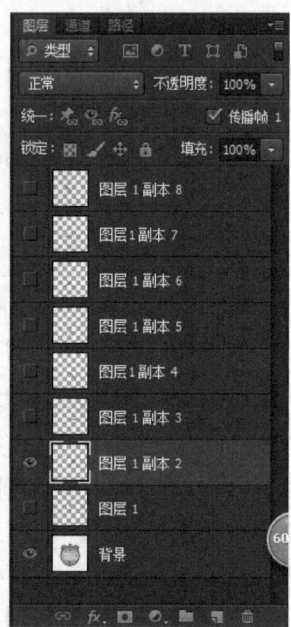

图7-44　　　　　　　　图7-45

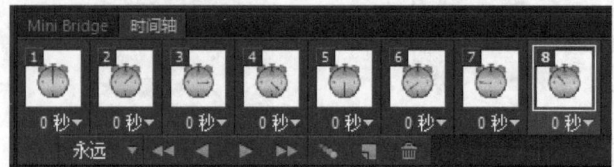

图7-46

（6）设置帧延迟为0秒，连续播放。动画过程如图7-47所示。

图7-47

（7）将最终效果以X7-04.psd为文件名保存在考生文件夹中，同时输出X7-04.gif到考生文件夹中。

7.5 第5题解答

（1）打开素材文件C:\2020PSCS6\Unit7\Y7-05-a.jpg和Y7-05-b.jpg，如图7-48和图7-49所示。

图7-48　　　　　　　　　　　　　　　　图7-49

（2）使用魔棒工具将素材文件Y7-05-b.jpg中的飞机抠选出来，并将其移入素材文件Y7-05-a.jpg，生成"图层1"，将该图层重命名为"飞机"。执行"编辑"→"自由变换"命令，调整飞机的大小，然后参照图7-50调整其位置。

图7-50

（3）保持"飞机"图层的选中状态，执行"窗口"→"时间轴"命令，显示"时间轴"面板,单击"创建视频时间轴"右侧的下拉按钮,在弹出的菜单中选择"创建帧动画"命令,如图7-51所示。

图7-51

(4)单击"复制所选帧"按钮,如图7-52所示。

图7-52

(5)选择第1帧和第2帧,将帧延迟设置为0.01秒,如图7-53所示。

图7-53

(6)单击"过渡动画帧"按钮,添加30帧,参数设置如图7-54所示。

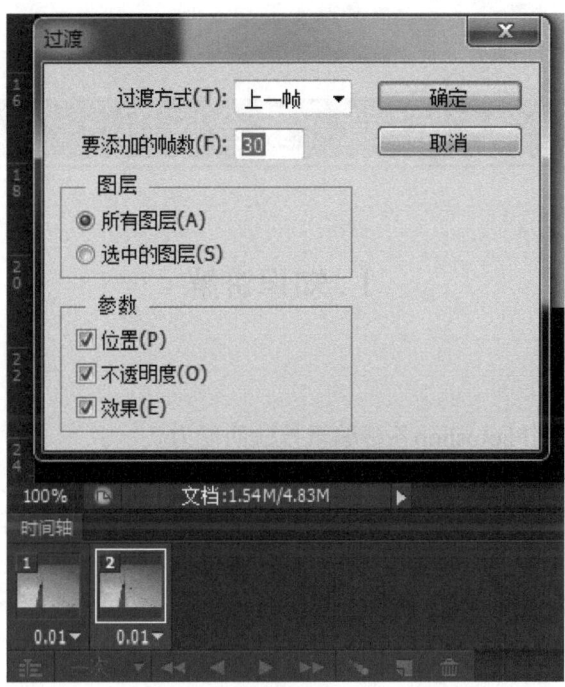

图7-54

（7）将最终效果以X7-05.psd为文件名保存在考生文件夹中，同时输出X7-05.gif到考生文件夹中。

第8章 综合应用

Ⅰ. 知识讲解

知识要点

- 具备综合使用Photoshop各种编辑技法的能力。
- 能够根据作品的特点进行润色修饰。
- 了解广告设计、包装设计、海报设计和书籍装帧设计等实际应用的常用规则和方法。
- 了解平面设计中文字的使用方法。

评分细则

本章有3个评分点，每题13分。

评 分 点	分 值	得分条件	判分要求
基本编辑	3	制作符合要求的图像效果	制作效果基本相似即可
图像特效	5	按照要求编辑造型	效果相近即可得分
效果修饰	5	达到修饰效果	允许一定的创意发挥

8.1 平面设计作品的应用

简单地说，平面设计作品的用途就是"传达信息"。但具体来讲，平面设计作品根据其实际应用可以分为平面广告设计、产品包装设计、海报招贴设计、书籍装帧设计、VI设计等。

8.1.1 平面广告设计

广告设计的任务是根据企业营销目标和广告战略的要求，通过引人入胜的艺术表现，清晰、准确地传递商品或服务的信息，树立有助于销售的品牌形象与企业形象。就平面广告而言，它只是传递信息的一种形式，是广告商与消费者之间的媒介，其结果是要达到一定的商业目的。图8-1～图8-3所示为优秀作品。

广告设计是视觉传达艺术设计的一种，其价值在于将产品的功能、特点通过一定的方式转换成视觉因素，使之更直观地面对消费者，以起到宣传企业文化、推销产品的作用。这一特点通过上述作品可以体会。

 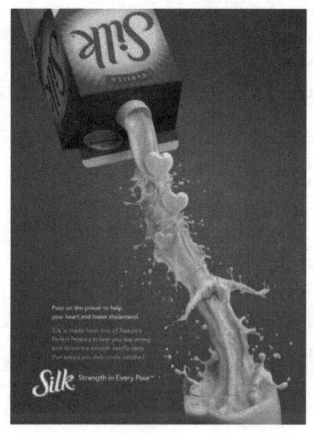 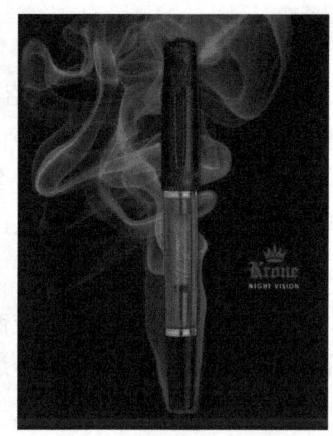

图8-1　　　　　　　　　图8-2　　　　　　　　　图8-3

8.1.2 产品包装设计

包装是品牌理念、产品特性等的综合反映，直接影响消费者的购买欲。包装的功能是保护产品、传达产品信息、方便使用、方便运输、促进销售、提高产品的附加值。作为一门综合性学科，包装具有商品性和艺术性的双重属性。换句话说，产品包装设计即指选择合适的包装材料，运用巧妙的工艺手段，为产品的容器结构造型和美化装饰进行设计，如图8-4所示。

同时，产品包装设计是以产品的保护、使用、销售为目的，将科学、社会、艺术、心理等诸要素综合起来的专业设计学科，其内容主要有容器造型设计、结构设计、装潢设计等，如图8-5所示。

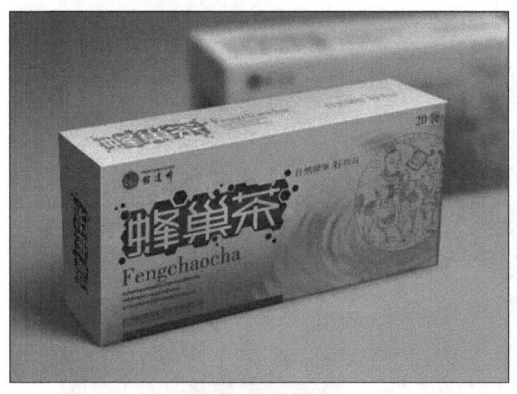 

图8-4　　　　　　　　　　　　　　图8-5

成功的产品包装设计必须具备以下4个要点。

（1）货架印象：产品在货架中应该具有一定的醒目性，这样才能吸引消费者的眼球。

（2）外观图案：在产品包装设计中适当添加一些图案，以起到美化产品的作用。

（3）商标印象：对于系列产品，应该在包装中体现出该产品的商标。

（4）功能特点说明：在产品包装的外观印上功能、特点等说明文字，有助于消费者了解该产品的用途。

8.1.3 海报招贴设计

海报是一种极为常见的招贴形式，多用于向公众报道或介绍有关戏剧、电影、体育比赛、文艺演出、报告会等信息。它属于户外广告，一般分布在街道、影剧院、展览会、商业闹区、车站、码头、公园等公共场所。海报具有画面大、内容广泛、艺术表现力丰富、远视效果强烈的特点。下面对常见的几类海报进行介绍。

1. 商业海报

商业海报是指宣传商品或商业服务的海报。商业海报的设计，要恰当地配合产品的格调和受众对象。它是视觉传达艺术设计的一种，其价值在于把产品载体的功能特点通过一定的方式转换成视觉因素，使之更直观地面对消费者，以达到推销产品的作用，实现更高的商业性收益。商品海报如图8-6所示。

2. 文化海报

文化海报是指各种社会文娱活动及展览的宣传海报。活动及展览的种类很多，不同的活动及展览有其各自的特点，设计者需要多加了解，才能运用恰当的方法表现出其内容和风格。文化海报的创意具有非逻辑性、非秩序性的特点，它既是感性的，也是理性的。创意之初，从主题出发，依据策略将意念形象化、视觉化。文化海报如图8-7所示。

3. 电影海报

随着电影的普及，电影海报也逐渐走入人们的视野。电影海报的画面精美，文化内涵丰富，表现手法独特，因此成为了一种艺术品，具有很高的欣赏性。电影海报作为海报的一个分支，其主要作用是吸引观众的注意力、刺激电影票房的收入。电影海报如图8-8所示。

图8-6

图8-7

图8-8

8.1.4 书籍装帧设计

书籍装帧是在书籍的生产过程中将材料与工艺、思想与艺术、外观与内容、局部与整体有机结合，形成和谐、美观的整体艺术。书籍装帧设计是一种视觉传达活动，它以图形、文字、色彩等视觉符号的形式传达出设计者的思想、气质和精神。一本优秀的图书在内容和装帧设计上是高度和谐统一的，是艺术与技术的完美结合体。它不但能使读者获得知识，而且能给读者带来美的精神享受。

封面设计是书籍装帧设计的门面，是通过艺术形象设计的形式来反映书籍的内容。在当今琳琅满目的书籍中，封面起到了"无声的推销员"的作用，它的好坏在一定程度上将直接影响人们的购买欲。书籍装帧设计作品如图8-9和图8-10所示。

图8-9

图8-10

8.2 平面设计中的文字

文字是人类文化的重要组成部分。无论在何种视觉媒体中，文字和图片都是两大构成要素。文字排列组合的好坏，直接影响着版面的视觉传达效果。因此，文字设计是增强视觉传达效果，提高作品的诉求力，赋予版面审美价值的一种重要构成艺术。

8.2.1 提高文字的可读性

文字的主要功能是通过视觉效果向大众传达设计者的意图和各种信息。要达到这一目的，必须考虑文字的整体诉求，要给人以清晰的视觉印象。因此，文字设计应避免繁杂、零乱，要让人易认、易懂，表达出设计的主题和构想意念，切忌为了设计而设计，忘记文字设计的根本目的是为了更好、更有效地传达设计者的意图。

要让表达的内容清晰、醒目。

使你的内容清晰可见

要避免使用不清晰的字体（除非需要这种效果）。

不要使用不明晰的字体

要恰当地选择所需要的字体。

不要使用过小过细的字体
你阅读的时候感觉舒服吗？

但是，经过特别的处理，可以使用一些本来并不适合的字体。

要注意文字编排的方向。

如果是这样，

那么，可以做成这样。

或者这样也是可以的。

最后一点，通常情况下应该

文字组合的目的是为了增强视觉传达效果，赋予审美情感，引导人们有兴趣地进行阅读。因此，在组合方式上需要顺应人们视觉感受的顺序。一般来说，在水平方向上，人们的视线一般是从左向右流动的；在垂直方向上，视线一般是从上向下流动的；角度大于45°时，视线是从上向下流动的；角度小于45°时，视线是从下向上流动的。

8.2.2 在画面中的整体要求

1. 文字位置

文字在画面中的安排要考虑到全局因素，不能有视觉上的冲突，否则会在画面中导致主次不分，容易引起视觉顺序的混乱，作品的整体含义和气氛也有可能会被破坏。这是一个很微妙的问题，需要去体会，是无法用计算机替代的。细节的地方一定要注意，有时候1个像素的差距也会改变整个作品的味道。

要安排好文字和图片之间的穿插配合，既不要影响图片的观看，也不要影响文字的阅览。

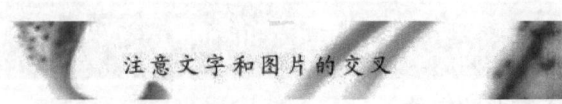

不要做成这样（有意安排这种效果的除外）。

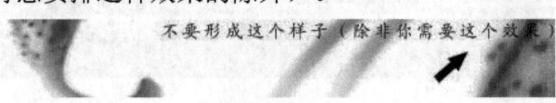

文字一定不要全部都顶着画面的边角，这样看起来很不专业。

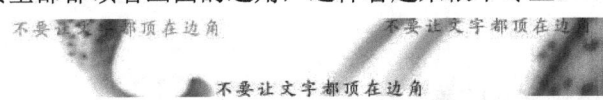

再说一个细节上应该注意的问题：不要让文字和边线没有距离。这是容易忽视的地方，也是容易出问题的地方。

这样看起来就好一些了。

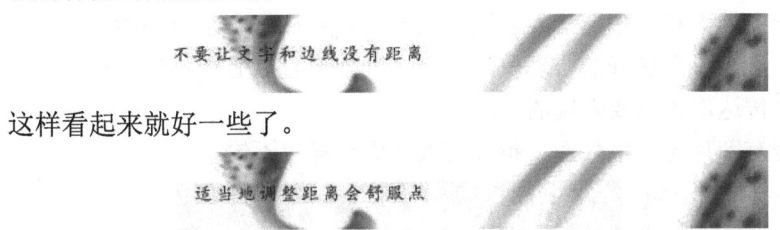

文字不仅要在字体上与画面相配合，颜色和部分笔画也需要一定的加工，这样才能达到更好的效果。这些细节的调整需要耐心和功力。记住，一定要有自己的想法和感受在里面。如果想表达自己对作品的态度，就不要在文字上偷懒，这也是完全不能偷懒的地方。

2．整体风格

每一件作品都有其独特的风格。在这个前提下，一件作品版面中各种不同字体的组合一定要符合整体作品的风格，形成总体的情调和情感倾向，不能各种文字自成风格、各行其是。总的基调应该是整体的协调和局部的对比，统一之中具有灵活的变化，从而产生对比、和谐的效果。这样，整件作品才会形成视觉上的美感，符合人们的欣赏心理。 除了以统一文字个性的方法来奠定设计的基调外，也可以从文字的方向性及色彩等方面来达到统一基调的目的。

3．组合关系

图8-11所示画面中所有出现的文字元素都经过了仔细处理，这是根据主题表现的需要所必须做的。如果没有这样的文字设计，作品本身的感染力或许会弱得多。

图8-11

在有图片的版面中，文字的组合应相对较为集中。如果是以图片为主要的诉求要素，则文字应该紧凑地排列在适当的位置上，不可过分变化、分散，以免因主题不明而造成视线流动的混乱。

8.2.3 在视觉上体现文字的美感

在视觉传达的过程中，文字作为画面的形象要素之一，起到了传递情感的作用，因而必须具有视觉上的美感，才能给人以愉悦的感受。字型好、组合巧妙的文字能给人留下美好的印象，从而获得良好的心理反应；反之则使人看后心中不快，视觉上无法认同，这样势必难以传达作者想要表现的意图和构想。

下面是一个带有图片的文字版面，也许有人认为这样也不错了。

但是是不是太平淡了呢？改变文字的位置和大小，效果又会怎么样呢？

或者也可以

感觉到什么了吗？其实就是这么微妙，有时只是一些细微的变化，味道却很不一样。再看看字间距的问题。

改一下看看，好一些了吗？

对于较大的字体，如果照搬上面的做法，看起来字与字之间会比较松散。

调整后是这样的，看起来紧凑多了，字与字之间的对应关系也出来了。

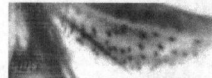

字体加大后，段落之间的距离也应该随之调整（在这里，较小的字体同样应用这一规则）。

例如，没有调整段落距离的时候

调整后可以是这样的

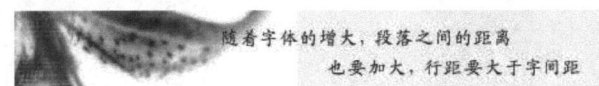

如果有多个段落，就要注意更多的问题，例如主次和轻重，以及在内容表达方面的重要程度等。

图8-12所示的画面就是比较不错的版面处理。

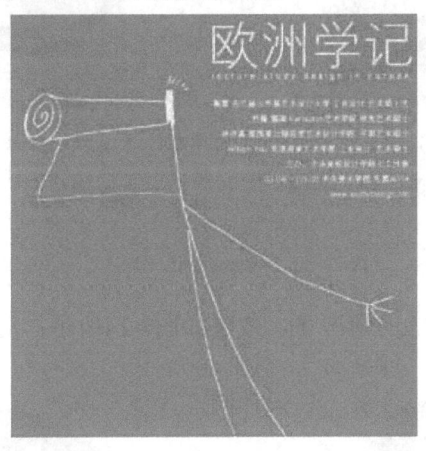

图8-12

8.2.4 在设计上要富有创造性

根据作品主题的诉求，突出文字设计的个性，创造与众不同的字体，可给人以别开生面的视觉感受，有利于设计者设计意图的表现。

在设计时，应从字的形态特征与组合上进行探求，不断修改，反复琢磨，这样才能创造出富有个性的文字，使其外部形态和设计格调都能引起人们的审美愉悦。

这是一个很普通的文字版面。

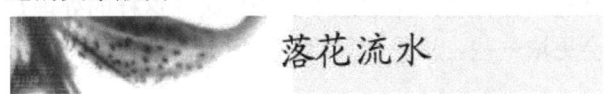

加一些自己的感受在里面，对文字的大小、间距、透明度进行调整，就会得到完全不同的效果。

根据画面或作品的要求，可以使用一些图形化的文字。所谓"文字图形化"，即将文字笔画进行合理的变形搭配，使之产生类似有机或无机图形的趣味，强调字体本身的结构美和笔画美，如图8-13所示。

总感觉文字在画面中的表现力有些苍白，对主题的表达没有什么帮助。试着改变一下

味道出来了吗？在某些情况下，无法用计算机中提供的字体体现设计意图，必须自己创造，这也是汉字的魅力所在

图8-13

在对文字没有太多考虑的情况下，效果如图8-14所示；对文字进行设计后的效果如图8-15所示。

图8-14　　　　　　　　　　　　　　　图8-15

差别就在这里，也许只是小改动，但是需要思考的因素却很多。有时候对文字的笔画进行特殊的加工处理，往往会产生意想不到的效果。这样的处理是带有创造性的，同时人性化的味道也会更浓一些。这是计算机字体所无法替代的，其所带来的感受自然也会强烈得多。

文字版面设计也是一种创意，创意是设计者思维水准的体现，是评价一件设计作品好坏的重要标准。在现代设计领域，一切制作的程序都可以由计算机代劳，使人类的劳动仅限于思维方面，这是好事，省去了许多不必要的工序，为创作提供了更好的条件。但是在某些必要的阶段还是不能完全由计算机操作，毕竟人才是设计的主体。

Ⅱ. 试题汇编

8.1 第1题

【操作要求】

综合利用图形图像处理技法，制作网页广告条，最终效果如图X8-01所示。

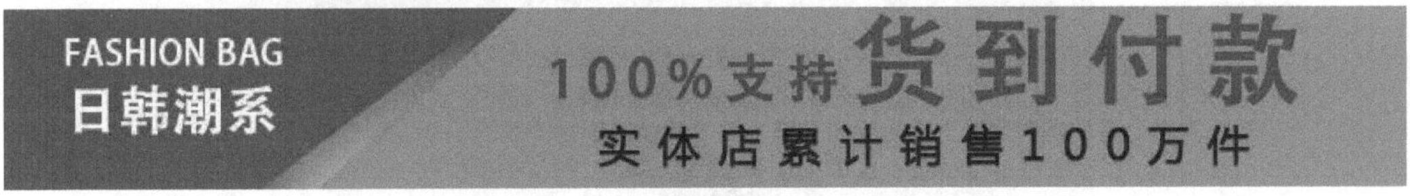

图X8-01

新建一个宽高800×100像素、72像素/英寸分辨率、RGB颜色模式的文件。

1．**基本编辑**：为"背景"图层填充浅蓝色（#29d4ff）。新建图层，绘制画布左侧的紫色（#c46cc7）梯形部分。

2．**图像特效**：使用减淡工具处理紫色与浅蓝色的过渡效果。使用文字工具输入文字"日韩潮系""FASHION BAG""100%支持货到付款""实体店累计销售100万件"，字体不限。

3．**效果修饰**：调整文字的大小、间距等效果。

将最终效果以X8-01.psd为文件名保存在考生文件夹中。

8.2 第2题

【操作要求】

综合运用选区、滤镜、混合模式、画笔工具、图层蒙版等技法制作水果海报，最终效果如图X8-02所示。

图X8-02

新建一个宽高800×600像素、96像素/英寸分辨率、RGB颜色模式的文件。

1．**基本编辑**：打开素材C:\2020PSCS6\Unit8\Y8-02-a.jpg、Y8-02-b.jpg、Y8-02-c.jpg、Y8-02-d.jpg和Y8-02-e.jpg，如图Y8-02-a～图Y8-02-e所示。

2．**图像特效**：调整图像的大小及位置。运用选区、"正片叠底"混合模式、图层蒙版等技法，完成海报的拼合制作。

3．**效果修饰**：利用"镜头光晕"滤镜制作光晕效果。输入文字"美味水果，果然新鲜"（字体不限），为文字图层添加图层样式效果。

将最终效果以X8-02.psd为文件名保存在考生文件夹中。

图Y8-02-a

图Y8-02-b

图Y8-02-c

图Y8-02-d

图Y8-02-e

8.3 第3题

【操作要求】

综合利用图形图像处理技法，制作电商店铺促销广告，最终效果如图X8-03所示。

图X8-03

新建一个宽高640×320像素、72像素/英寸分辨率、RGB颜色模式的文件。

1．**基本编辑**：打开素材文件C:\2020PSCS6\Unit8\Y8-03-a.jpg（如图Y8-03-a所示），将其中的图像拖入新建文件中，调整图像的大小。

2．**图像特效**：打开素材文件C:\2020PSCS6\Unit8\Y8-03-b.jpg（如图Y8-03-b所示），建立选区，将果汁素材复制到新建文件中，并使用"自由变换"命令调整图像。打开文件C:\2020PSCS6\Unit8\Y8-03-c.jpg（如图Y8-03-c所示），将其中的图像拖入新建文件中，建立图层蒙版，去掉白底。

3．**效果修饰**：输入文字"品味'橙'熟"（字体不限），并添加"斜面和浮雕"和"渐变叠加"图层样式。输入文字"——香纯甜脆，独具风味——"（字体不限），调整其位置。

将最终效果以X8-03.psd为文件名保存在考生文件夹中。

图Y8-03-a

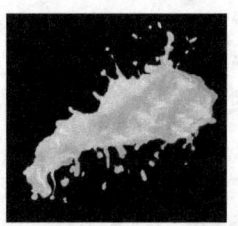

图Y8-03-b

图Y8-03-c

8.4 第4题

【操作要求】

综合利用图形图像处理技法，制作电商Banner，最终效果如图X8-04所示。

图X8-04

新建一个宽高790×400像素、72像素/英寸分辨率、RGB颜色模式的文件。

1．基本编辑：拖入素材文件C:\2020PSCS6\Unit8\Y8-04-a.jpg（如图Y8-04-a所示），调整图像的大小。利用"高斯模糊"滤镜制作模糊特效。

2．图像特效：新建图层，使用椭圆选框工具绘制圆形选区，填充白色。先选择"滤镜"→"扭曲"→"波纹"命令，再将该图层的不透明度改为25%。将该图层复制两次，改变其中图像的大小及图层不透明度。打开素材文件C:\2020PSCS6\Unit8\Y8-04-b.psd（如图Y8-04-b所示），将其中的商品复制到新建文件中，并制作倒影。

3．效果修饰：输入"草本配方洗面乳""夏天—不油腻""2017夏季新品"等文字（字体不限）。使用自定形状工具绘制红色对话框形状，并输入文字"满88包邮"（字体不限）。

将最终效果以X8-04.psd为文件名保存在考生文件夹中。

图Y8-04-a

图Y8-04-b

8.5 第5题

【操作要求】

综合运用选区、图层样式及文字工具等技法制作红包袋，最终效果如图X8-05所示。

图X8-05

新建一个宽高400×600像素、72像素/英寸分辨率、RGB颜色模式、背景内容为白色的文件。

1．**基本编辑**：新建3个图层，分别制作红包袋（#9f353a）、红包盖（#eb7a77）及红包圆形封口（#f9bf45）。

2．**图像特效**：输入文字"抢"，字体为微软雅黑，字体大小为48点，为图层添加"描边"图层样式。

3．**效果修饰**：为所有图层添加"投影"图层样式。

将最终效果以X8-05.psd为文件名保存在考生文件夹中。

III. 试题解答

8.1 第1题解答

（1）新建一个宽高为800×100像素、分辨率为72像素/英寸、RGB颜色模式的文件，背景填充浅蓝色（#29d4ff）。

（2）新建"图层1"，借助多边形套索工具，绘制画布左侧的紫色（#c46cc7）梯形部分，效果如图8-16所示。

图8-16

（2）使用多边形套索工具绘制紫色与浅蓝色过渡区域的选区，效果如图8-17所示。

图8-17

（3）使用减淡工具处理紫色与浅蓝色过渡区域的效果，效果如图8-18所示。

图8-18

（4）使用文字工具在相应位置分别输入文字"日韩潮系"（此处使用30点、白色）、"FASHION BAG"（此处使用20点、白色）、"100%支持"（此处使用30点、红色）、"货到付款"（此处使用54点、红色）和"实体店累计销售100万件"（此处使用24点、暗红色），适当调整文字间距。最终效果如图8-19所示。

图8-19

（5）将最终效果以X8-01.psd为文件名保存在考生文件夹中。

8.2 第2题解答

（1）新建一个宽高为800×600像素、分辨率为96像素/英寸、RGB颜色模式的文件。

（2）打开素材文件C:\2020PSCS6\Unit8\Y8-02-a.jpg、Y8-02-b.jpg、Y8-02-c.jpg、Y8-02-d.jpg和Y8-02-e.jpg，如图8-20所示。

图8-20

（3）使用移动工具将素材文件Y8-02-a.jpg中的草地拖入新建文件，生成"图层1"。按Ctrl+T组合键，变换图像的大小。使用魔棒工具选择"图层1"中的灰白色背景并进行删除，效果如图8-21所示。

（4）使用移动工具将素材文件Y8-02-b.jpg中的天空拖入新建文件，生成"图层2"。按Ctrl+T组合键，变换图像的大小，效果如图8-22所示。调整图层的顺序，使"图层2"处于"图层1"的下方。

图8-21

图8-22

（5）使用移动工具将素材文件Y8-02-c.jpg中的树叶拖入新建文件，生成"图层3"。按Ctrl+T组合键，变换图像的大小。使用魔棒工具选取"图层3"中的灰白色背景并进行删除，修改图层混合模式为"正片叠底"，效果如图8-23所示。

（6）将素材文件Y8-02-d.jpg中的木箱抠选出来，拖入新建文件，生成"图层4"，调整图像的大小并将其移动到合适的位置。在"图层4"的下方新建"图层5"，设置前景色为黑色，使用画笔工具在"图层5"中为木箱绘制阴影，将"图层5"的图层混合模式修改为"正片叠底"，设置该图层的不透明度为49%，效果如图8-24所示。

图8-23　　　　　　　　　　　　　　图8-24

（7）选择素材文件Y8-02-e.jpg中的水果并将其拖入新建文件，生成"图层6"，将该图层调整至"图层4"的上方。为"图层6"添加图层蒙版，使用橡皮擦工具在图层蒙版中擦除部分水果，效果如图8-25所示。

图8-25

（8）选择"图层3"，执行"滤镜"→"渲染"→"镜头光晕"命令，制作光晕效果。重复执行"镜头光晕"命令，在"图层3"中制作两个光晕效果，参数设置如图8-26所示。

（9）使用文字工具输入文字"美味水果，果然新鲜"（字体不限）。双击文字图层，为该图层添加"斜面和浮雕"图层样式、"渐变叠加"图层样式（参数设置如图

8-27所示)和"投影"图层样式。最终效果如图8-28所示。

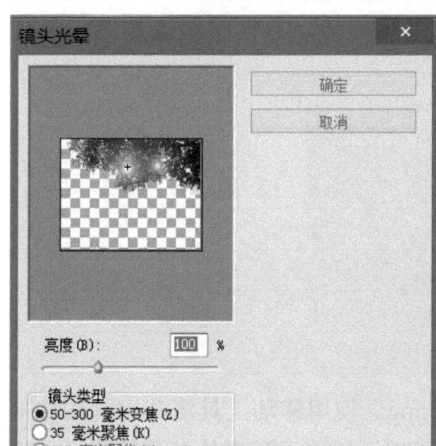

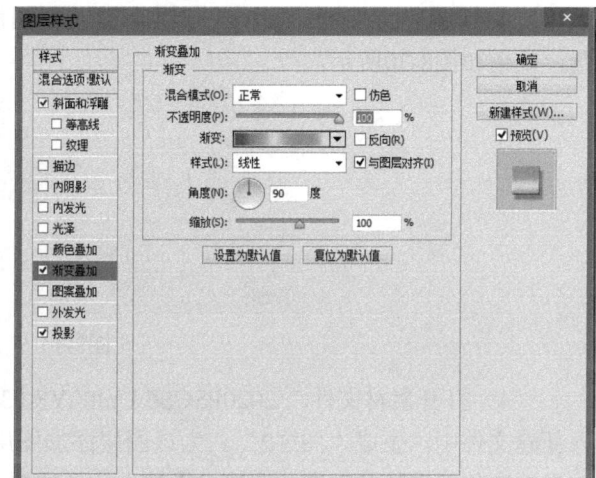

图8-26 　　　　　　　　　　　　　图8-27

图8-28

(10)将最终效果以X8-02.psd为文件名保存在考生文件夹中。

8.3　第3题解答

(1)新建一个宽高为640×320像素、分辨率为72像素/英寸、RGB颜色模式的文件。

(2)打开素材文件C:\2020PSCS6\Unit8\Y8-03-a.jpg。使用移动工具将其中的图像拖入新建文件中,调整图像的大小及位置。按Ctrl+E组合键,向下合并图层。效果如图8-29所示。

图8-29

（3）打开素材文件C:\2020PSCS6\Unit8\Y8-03-b.jpg。使用魔棒工具将果汁抠选出来，复制到新建文件中。按Ctrl+T组合键，将图像进行旋转，并调整图像的大小及位置。效果如图8-30所示。

图8-30

（4）打开素材文件C:\2020PSCS6\Unit8\Y8-03-c.jpg。使用移动工具将其中的图像拖入新建文件中，生成"图层2"。为该图层添加图层蒙版，使用画笔工具在图层蒙版中将水果的白色背景隐藏起来，调整水果的大小及位置。效果如图8-31所示。

图8-31

（5）使用文字工具输入文字"品味'橙'熟"（此处使用黑体、48点），并添加"斜面和浮雕"与"渐变叠加"图层样式（在"渐变叠加"图层样式中，渐变的颜色值为#ffd200和#ff6d00，参数设置如图8-32所示）。使用文字工具输入文字"——香纯甜脆，独具风味——"（此处使用黑体、18点、黑色）。最终效果如图8-33所示。

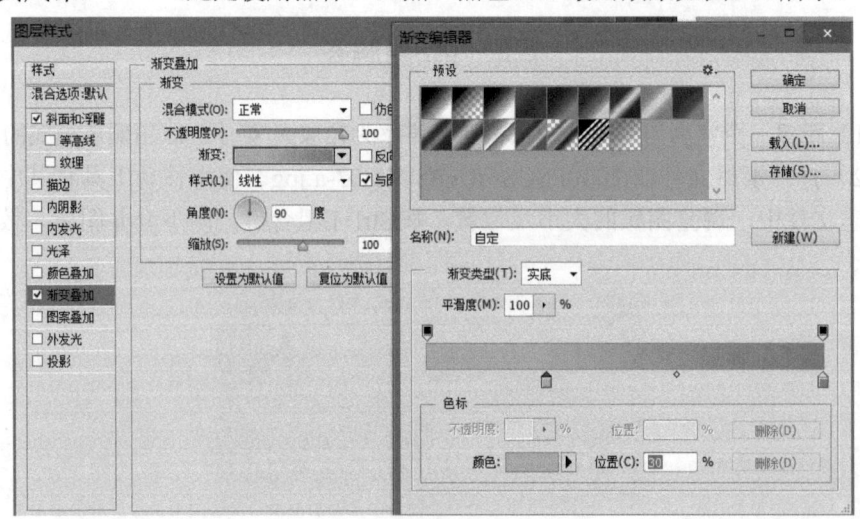

图8-32

图8-33

（6）将最终效果以X8-03.psd为文件名保存在考生文件夹中。

8.4 第4题解答

（1）新建一个宽高为790×400像素、分辨率为72像素/英寸、RGB颜色模式的文件。

（2）打开素材文件C:\2020PSCS6\Unit8\Y8-04-a.jpg。使用移动工具将其中的图像拖入新建文件中，生成"图层1"，调整图像的大小及位置。执行"滤镜"→"模糊"→"高斯模糊"命令，效果如图8-34所示。

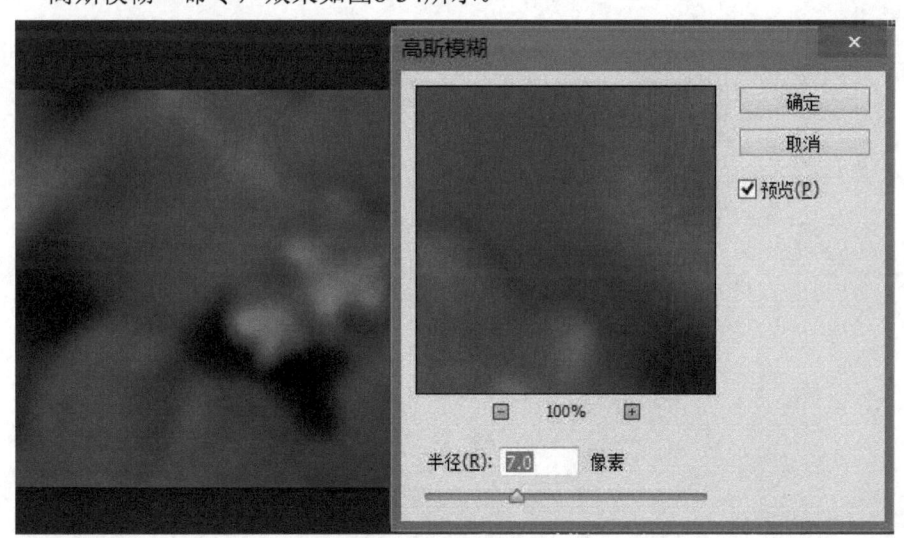

图8-34

（3）新建"图层2"，使用椭圆选框工具绘制圆形选区，填充白色。执行"滤镜"→"扭曲"→"波纹"命令，参数设置如图8-35所示，将该图层的不透明度修改为25%。复制两次"图层2"，调整副本图层中图像的大小及副本图层的不透明度，效果如图8-36所示。

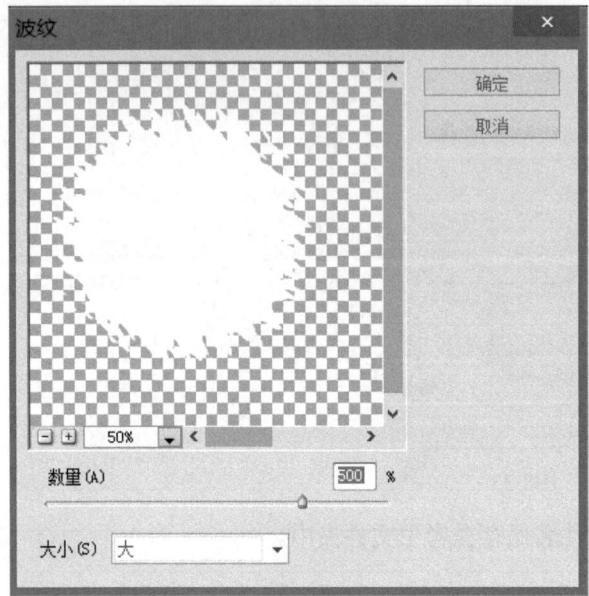
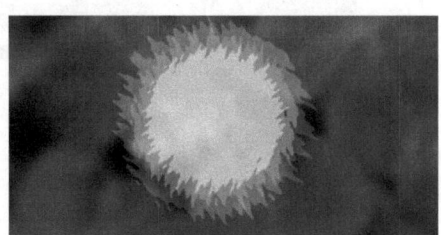

图8-35　　　　　　　　　　　　　图8-36

（4）打开素材文件C:\2020PSCS6\Unit8\Y8-04-b.psd。使用移动工具将其中的商品复制到新建文件中，生成"图层3"。复制"图层3"，得到"图层3 副本"，执行"编辑"→"变换"→"旋转180度"命令，然后为"图层3 副本"添加图层蒙版，在图层蒙版中填充黑白渐变，为商品制作倒影，效果如图8-37所示。

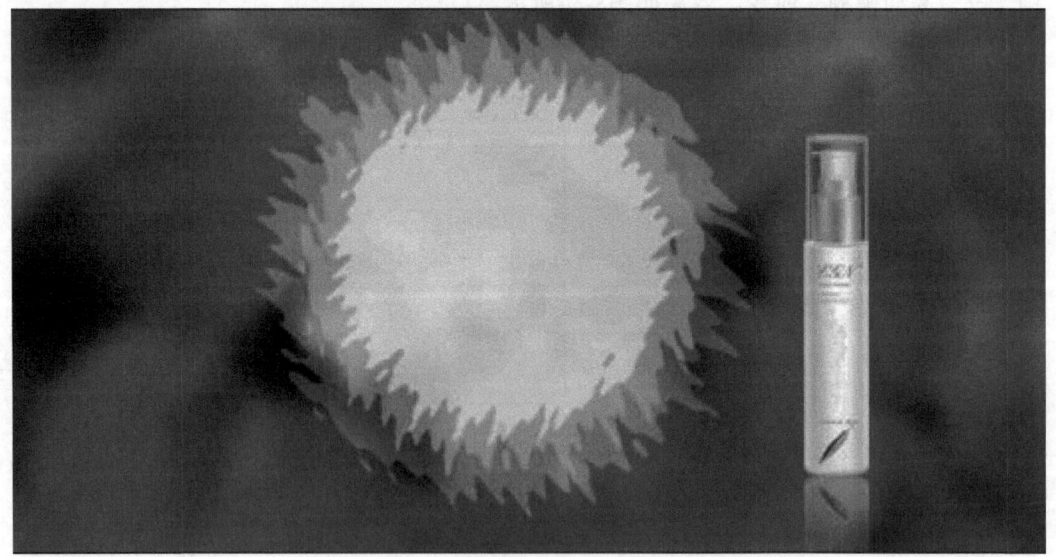

图8-37

（5）使用文字工具输入文字"草本配方洗面乳"（此处使用黑体）、"夏天—不油腻"（此处使用宋体）和"2017夏季新品"（此处使用黑体）等文字，字体大小不限。使用自定形状工具绘制对话框形状，填充红色。使用文字工具输入文字"满88包邮"（此处使用黑体），字体大小不限。最终效果如图8-38所示。

图8-38

(6) 将最终效果以X8-04.psd为文件名保存在考生文件夹中。

8.5 第5题解答

(1) 新建一个宽高为400×600像素、分辨率为72像素/英寸、RGB颜色模式、背景内容为白色的文件。

(2) 新建"红包袋"图层，使用矩形选框工具绘制合适的选区，并填充颜色（#9f353a），效果如图8-39所示。

图8-39

(3) 新建"红包盖"图层，使用椭圆选框工具绘制合适的选区，并填充颜色（#eb7a77），效果如图8-40所示。

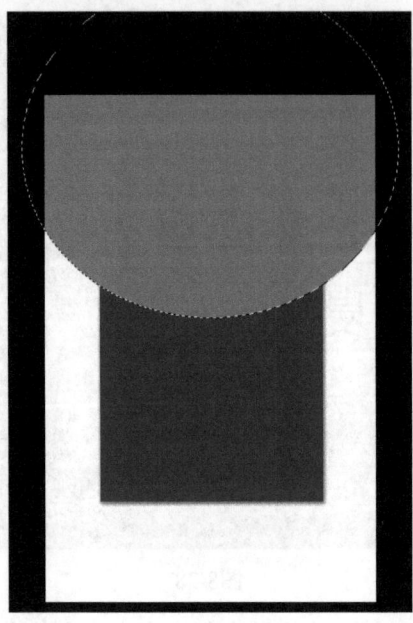

图8-40

（4）在"红包盖"图层中载入红包袋选区，保持选区状态，按Shift+Ctrl+I组合键，反选选区，按Delete键删除多余的部分，效果如图8-41所示。

图8-41

（5）新建"红包封口"图层，使用椭圆选框工具，按住Shift键，绘制一个正圆形选区，填充颜色（#f9bf45）。

（6）使用文字工具输入文字"抢"（微软雅黑，48点）。为该文字图层添加"描边"图层样式。

（7）为所有图层添加"投影"图层样式，最终效果如图8-42所示。

图8-42

（8）将最终效果以X8-05.psd为文件名保存在考生文件夹中。